買ってもよい化粧品 買ってはいけない化粧品

境野米子

コモンズ

まえがき

私が98年に『化粧品の正しい選び方』（コモンズ）を書いたところ、全国の読者の方々からたくさんの質問が寄せられました。お手紙はすべて読みましたが、数が多すぎて一人ひとりにていねいなご返事をさしあげられず、申し訳なく思っています。とりわけ、どんな化粧品も合わなくて悲しい思いをしている人や、肌の状態に悩む人など、私も同じような思いをしてきましたから、ひとごととは思えません。そうした質問に答えようとしたのが、この本です。

私は、「せめて食べ物なみの安全性が化粧品にほしい」と切望しています。それは、化粧品メーカーの姿勢が、あまりにも御粗末だからです。たとえば、環境ホルモン作用をもつ物質としてリストアップされている、酸化防止剤のブチルヒドロキシアニソール（ＢＨＡ）、殺菌防腐剤のイソプロピルメチルフェノール（フェノール類）、紫外線吸収剤のオキシベンゾン（ベンゾフェノン化合物）、溶剤として使われているフタル酸エステル類などの化粧品への配合を問い合わせてみました。

「環境ホルモンとして認識している物質ＰＣＢ、ＤＤＴ、ダイオキシンは、化粧品原料として一切使用されておりません。厚生省が安全を確かめた、厳選した原料で作っています」

ある大手メーカーのこの答えには、がっかりさせられました。先に述べた物質についての言及はなく、こんな程度の認識で化粧品を作っているのかと思い、本当に情けない気持ちです。

その点で食品メーカーは、さまざまな問題はあっても、一歩も二歩も進んでいます。たとえば、一昔前には「保存料なしでは作れない」と言っていたかまぼこなどの練り製品に、現在では大手メーカーは保存料を使っていません。真っ赤なウィンナソーセージも、かなり見かけなくなりました。厚生省は、相変わらず保存料や色素の安全性を保証していますが、メーカーが自主的に使わなくなっているのです。添加物を使っていない食べ物も、手に入りやすくなりました。消費者が添加物に関心をもち、変えていったのです。化粧品も、私たちが配合されている化学物質に関心をもつようになれば、必ず変わっていくでしょう。

新聞・雑誌・テレビで、「美しくなる化粧品」の宣伝が一方的に、しかも大量に流されています。でも、アレルギーを起こす可能性や、発ガン性や環境ホルモン作用などをもつ化学物質が使われている事実は、まったく知らされていません。その一方で、「自然化粧品には化学物質は一切使われていない」などと信じ込まされている消費者もいます。両極端の化粧品メーカーの間で、「どれを選んだらよいか」迷う私たちです。ありのままの化粧品を見つめ、自分に合った使い方をするために、この本で真実の情報を提供しました。

ただし、あなたにどれが合うかは、私には選べません。もちろん、メーカーの人も選べないでしょう。「自分に合う化粧品は、自分で選ぶ」が基本です。

化粧品は、毎日、あるいは一日に二度も三度も使うものです。しかも、含まれている界面活性剤のおかげで、化学物質が吸収されやすくなっています。花粉症などアレルギー症状に苦しむ人が増えるなかで、化粧品によってアレルギーを起こしたりかぶれたりするケースがますます多くなってきました。私自身も高価な化粧品をすすめられるままにセットで購入して、かぶれた体験があります。

そのとき、化粧品メーカーは、いまだけは美しくさせてくれるかもしれないけれど、ずっと使い続けたときの安全性までは考えてくれていないことを、実感しました。それは、化粧品を使っていない高齢者にきれいな肌の方がいることや、最近の女性の髪の毛のハゲや薄毛などの異変を考えれば、わかると思います。しかし、少しでもきれいになりたい欲望が、目をくらませてしまうのでしょう。

私は長男が血液の病気をもって生まれてきたために、食品添加物や残留農薬が含まれていない食べ物を求めて、有機農業運動にかかわってきました。田も畑もない街中で育ったのですが、現在では、畑を耕し、豆を作って味噌を仕込み、お茶まで作る暮らしです。そんな経験から、素肌の健康のために大切なのは実は環境であり、食べ物であることも、伝えたいと思っています。

さて、この本を読み、使う際に、気をつけてほしい点があります。

「買ってもよい化粧品」は、多くの化粧品のなかで相対的に安全性が高いものです。だからといって、当然ですが、誰にでも合うわけではありません。「本に書いてあるから大丈夫」と思われ、無批判に使われても困るので、マイナスの情報も書くように心がけました。あふれる商品のなかで、「これなら許せる」というレベルです。そもそも、「みんなが使うべき化粧品」は存在しません。

「買ってはいけない化粧品」は、発ガン性や環境ホルモン作用があると指摘された物質などを使っているものです。こちらは、「みんなが買うべきではない化粧品」です。人間への発ガン性や環境ホルモン作用が証明されたわけではなくても、疑いがある物質は使わないのが常識です。あなたが使っている化粧品が「買ってはいけない化粧品」だった場合、今後は買わないようにしましょう。

化粧品メーカーには、さらに安全性に配慮し、新商品の開発にばかりエネルギーを注がないようにお願いしたいと思います。私は、長く同じものを使い続けるのが好きです。そんな成熟した社会になってほしいと切望しています。

二〇〇〇年九月

境野　米子

目次●買ってもよい化粧品、買ってはいけない化粧品

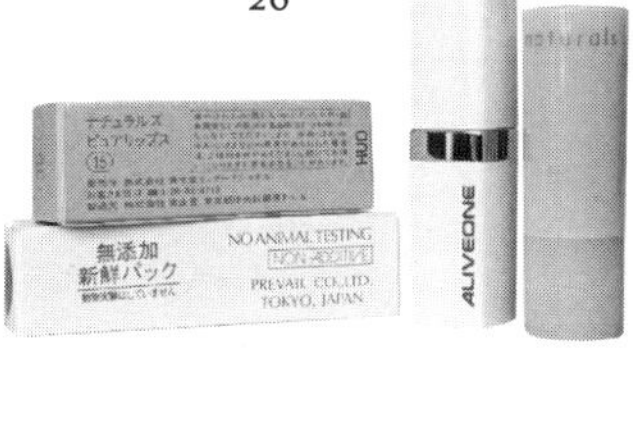

第2章 買ってはいけない化粧品

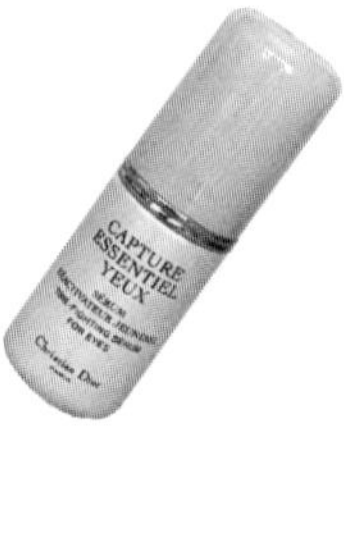

第3章 Q&A 安全な化粧品の選び方 —— 71

装丁●日高眞澄
撮影●南風島渉

化粧品選びの5つのコツ

化粧品による健康被害は、相変わらず増えています。全国の消費生活センターから寄せられた98年度の被害情報は690件で、88年度の405件の約1・7倍です。被害者は圧倒的に女性（90%）で、20歳代が37%。たとえば、次のようなケースがあります。

「テレビ・ショッピングで化粧品セットを購入。湿疹ができたので苦情を言ったところ、『いまはそういう時期。使い続けたらよくなる』と言われ、さらに1年分買わされた。かゆみがひどく、茶色くなったので、皮膚科を受診。化粧かぶれと言われた」

「訪問販売で契約した化粧品セット。使用後に赤み、かゆみが発生。近くの病院で診察を受けたところ、化粧品トラブルによるものと診断された。業者に解約を申し出たが、このあたりの病院は信用できないので、使い続けるように言われた」

また、キャッチセールスで化粧品を売りつけられる被害も増えているようです。テレビでも紹介されましたが、その被害額は一人26～27万円でした。洗顔石けん、クレンジング、化粧水、クリーム、美容液など普通の化粧品10種類を高い価格で、しかも2年間分買わされたというのです。

化粧品を買う基本をしっかり身につけていれば、そんな被害に遭わなくてすんだのにと、気の毒でなりません。以下の5つのコツは、化粧品ばかりでなく、「健康」食品や、その他のいかがわしい商品を選ぶ際にも役に立つと思います。

①新製品には手を出さない。

少なくとも半年～1年は人が使っているのを観察し、よさそうなら使うくらいがちょうどよいのです。人体実験を自ら買ってでることはな

化粧品選びの5つのコツ

いでしょう。強引にすすめられたら、「あなたにどんな素晴らしい効果が出るか、確かめてからにするわ」と言って、断りましょう。

②多種類を一度に買わない、使わない。

たとえば、あるメーカーの無料お試しセットは、化粧落としジェル、洗顔石けん、パック、化粧液、素肌エキス、クリーム、乳液となんと7種類。それだけで、私は使うのをやめました。7種類も使うほど暇じゃないし、素肌を大切にしたいし、化粧品の種類はシンプルでいきたいからです。メーカーが「お試しセット」などと化粧水・乳液・クリームなどをセットで販売するのは、困ります。単品で売ってください。

③一度に大量に買わない。

アレルギーを起こしたことがない人でも、新たに起こす可能性があります。これまで使ってきたものでも、合わなくなる場合もあります。しかも、化粧品の保存期間は長くても3年。1つ使い終わったら1つ買うのがベストです。

④売場で、年齢が高い人の肌を見る。

長年勤めていて、肌のきれいな人の言うことは、信じてもよいでしょう。若い女の子しか置かず、しかもしょっちゅう変わるような売場のおすすめには、のらないこと。肌は、若ければきれいが普通なのです。

⑤ふつうの化粧品に効能・効果はない。

たとえば「美白」といっても、自社の主力商品の美白成分が何かすら教えられていない販売員が大半です。メーカーは、まるっきり効能など信じていないからなのでしょうね。

ただし、私はシミがなくなるクリームなら、使ってみたい気がします。使用薬剤と配合割合を明確にして、販売してもらいたいです。わけのわからないものに効果を期待して大金を出すのは、やめましょう。

第1章 買ってもよい化粧品

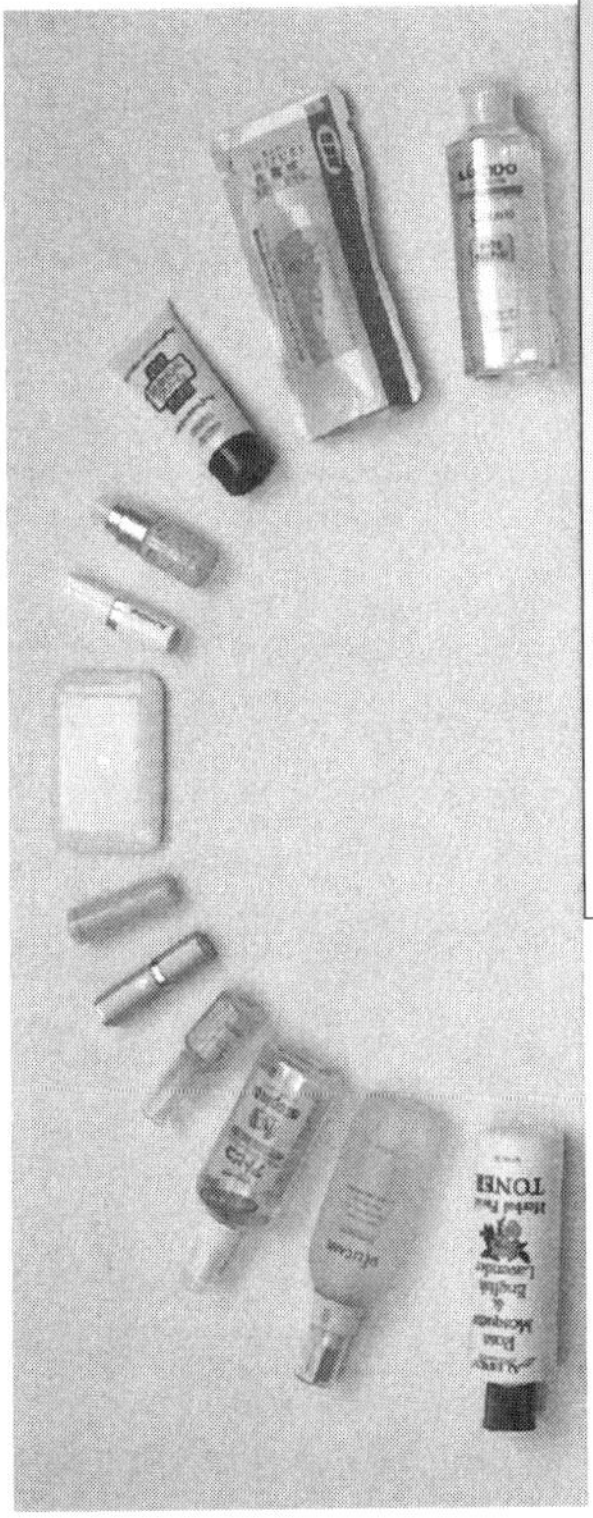

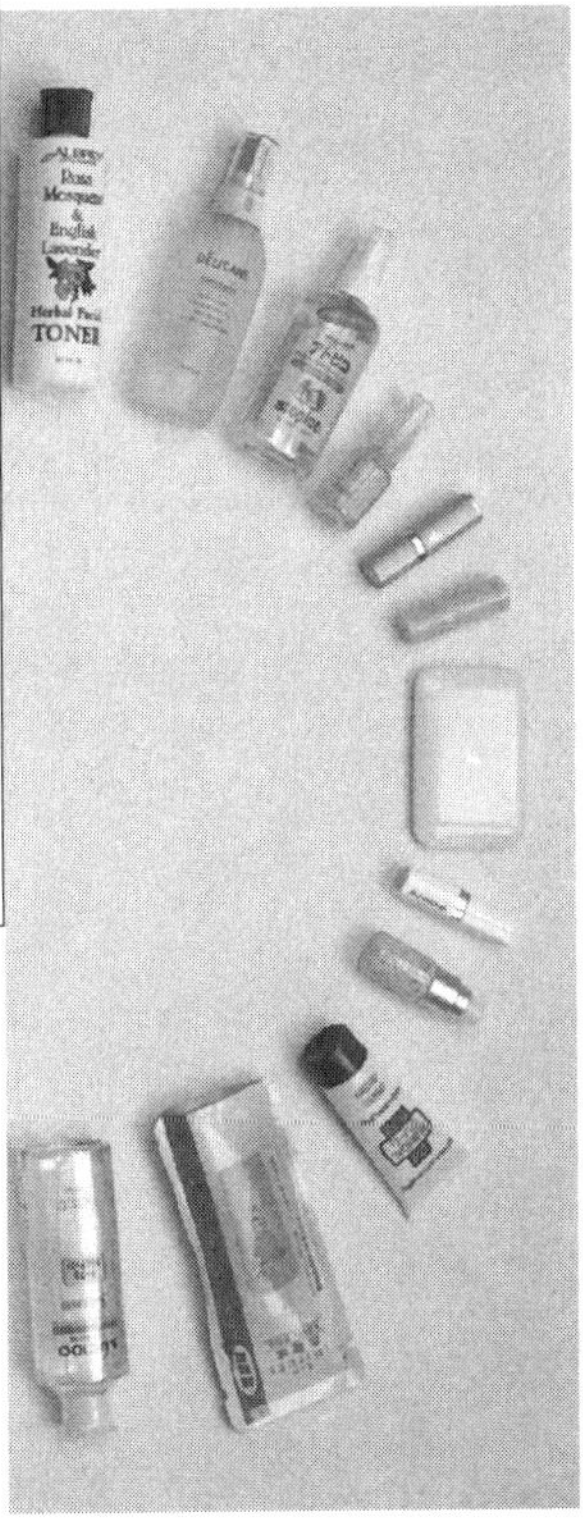

1 タール色素を含まない口紅

伊勢半、コーセーなど

図1　タール色素（赤）とアスピリンの構造式

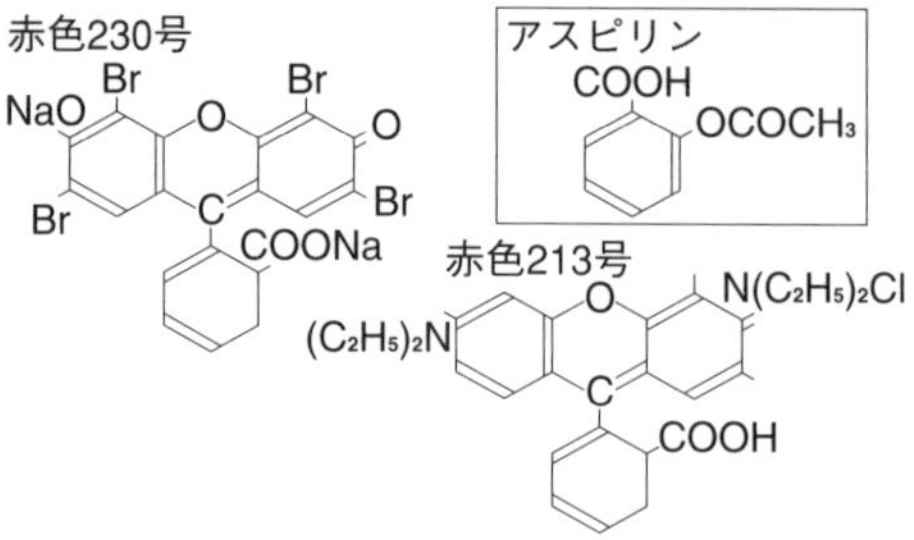

読者の方から、こんな深刻な相談を受けました。

「アスピリンぜんそくで入院し、医師から、退院後もアスピリンと似た化学構造をもっているタール色素入りの口紅を使ってはダメと言われました。仕事上、口紅程度の化粧はせざるを得ず、タール色素が含まれていない口紅を探しましたが、見つかりません。ぜひ教えてください」

タール色素の英名はcoal-tar-colorsで、そのものずばりコールタール色素。コールタールは、黒い色のネバネバした油状物質で、さまざまな化学工業の原料です。

タール色素は、コールタールを蒸留して、温度によって分けて作ります。現在は石油を原料とし、ベンゼン、トルエン、ナフタリンなどから合成されています。日本での名前は、有機合成色素。名前のイメージだけは5ランクぐらい上ですね。

しかし、かつては黒皮症（肌が赤みをともなって黒っぽく変色する）を発生させ、最近も赤色２０２号によるアレルギーが報告されています。

図1の構造式を見てください。鎮痛・解熱剤として有名なアスピリンは、激しいアレルギーを起こすことでも知られています。タール色素のうち赤や橙などの鮮明な色調ゆえに口紅用としてよく使われる赤色２３０号や２１３号が、アスピリンとよく似た構造をもっていることがわかるでしょう。でも、赤や橙を使わないで口紅を作ることは至難の業といわれてきました。

紅色や赤など鮮やかな色も出ています

早速メーカー21社（アユーラ、アルソア央粧、伊勢半、イプサ、エルセラーン化粧品、花王ソフィーナ、カネボウ化粧品、コーセー、資生堂、ちふれ化粧品、ナリス化粧品、ハイム、ハーバー、ファンケル、プリベイル、フルベール、ポーラ、マックスファクター、ミス・アプリコット、メナード、CAC）に問い合わせてみた結果、タール色素を使わない化粧品は表1の8つのメーカーで作られていました。それぞれの色を紹介しましょう。

①伊勢半

小さな素敵な茶わんに入っ

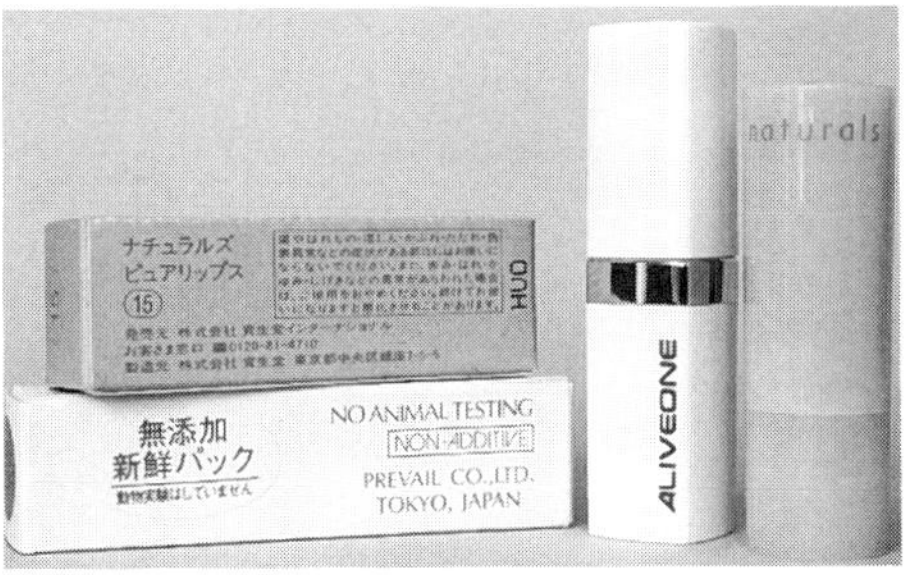

資生堂のナチュラルズと
プリベイルのアリベオーネ

表1　タール系色素を含まない口紅

メーカー名	商品名	色数	問合せ先
伊勢半	小町紅(茶わんに紅花)	1(大,小)	☎03・3262・3121
エルセラーン化粧品	エルシェラ リップスティック	3	☎0273・62・1291
コーセー	エディット・アクアクリスタル・ルージュ ヴィセ コレクションカラー ドゥセーズ パールミスティリア コスメデコルテ リップイントゥイス	9 5 3 1	☎03・3273・1514
資生堂	ナチュラルズ ピュアリップス	8	0120・814710
ちふれ化粧品	19, 20, 22, 23, 24	5	0120・147420
ハーバー	ナチュラルリップ11	5	0120・128800
プリベイル	アリベオーネ リップカラー	7	☎03・3952・2888
ミス・アプリコット	ピオニー・パッション	3	☎03・3204・6707

ている昔ながらの紅花の口紅。紅色。

②エルセラーン化粧品、資生堂、プリベイル、ミス・アプリコット

赤やオレンジ、ピンクなど彩度の高い色。

③コーセー

ブラウン系、ベージュ系、白、ブラックなど。

④ちふれ化粧品

重ね塗り用のパール系(ブラウンなど)。

⑤ハーバー

キャメルオレンジ、モカレッドなど、くすんだ色。

ただし、①と②は、塗ってすぐはいいのですが、色が落ちやすいです。また、**ハイム**が今後、開発を予定しています。**アルソア央粧**は、製造を中止しました。理由は次のようなものです。

「天然色素のみでは、かなりの量の色素が必要とされ、使用感やかぶれなどの問題も出てきます。そして、量を抑えると、くすんだ薄い色となるうえ、色のバリエーションが少なくなるのです」

でも、長年タール色素なしの口紅を使っている私に、そうしたトラブルは一度もありません。

女性は、使い続けても安全で、発色の美しい口紅がほしいに決まっています。タール色素なしの口紅がもっと増えて、ふだんと鮮やかな色にしたいときとで使い分けられるなど、選択の幅が広がるとうれしいですね。

2
パラベンを含まないもの
ハーバー、CACなど

コーセーの化粧水(左)と
エルセラーン化粧品の口紅(右)

DATA
〈参考文献〉
立花隆・東京大学教養学部立花隆ゼミ『環境ホルモン入門』新潮社、98年。
小島正美・井口泰泉『環境ホルモンと日本の危機』東京書籍、98年。

大半の化粧品に入っているのに、環境ホルモンの疑いが

「パラベンは環境ホルモン」という指摘には、本当にびっくりしました。大阪大学大学院薬学研究科の西原力教授が、98年6月に国際シンポジウムで報告したものです。

西原教授は、パラベン(パラオキシ安息香酸エチル、ブチル、プロピル、メチル)が人間の細胞内にある受容体に結びつき、体内で女性ホルモンと似た作用をする可能性があることを、酵母を使った実験(環境ホルモンと疑われる物質をリストアップするためのテスト)で明らかにしました。その強さは、環境ホルモンとして知られるビスフェノールAやノニルフェノールと同程度です。

ビスフェノールAは、ポリカーボネート製の容器、哺乳ビン、缶詰などの内壁のコーティング用樹脂などに使われています。そして、熱湯を注ぐと溶け出してきて、乳ガン細胞の異常増殖を誘発するなど、強いエストロゲン(女性ホルモン)作用があります。

ノニルフェノールは、合成洗剤の原料や農薬の乳化剤として使われ、河川に排出されている物質です。

この時点で、薬学研究科は、「生体への影響は問題にならないほどではないか」と話していました。

しかし、２０００年12月の環境ホルモン学会で、東京都立衛生研究所の大石眞之主任研究員が「パラベンはラットの精子数を2~4割減少させた」と報告しました。あわせて「ＷＨＯのＡＤＩレベルあるいはそれ以下で、ラットのオスの生殖系に有害な作用をもつ」と指摘しています。

環境ホルモンの怖さは、たとえ微量でも生殖機能と脳への毒性があることです。とくに、成人に影響がなくても、乳児や幼児は母体や母乳をとおして影響することが知られています。発ガン性があるニトロソ化合物も生成します。その後、動物実験でも、エストロゲン作用が発見されました。

こうしたパラベンは、化粧水、乳液、クリームなど、ほとんどの化粧品に入っているポピュラーな殺菌防腐剤。１%までの使用が認められてい

表2　パラベンを含まない化粧品

メーカー名	シリーズ名	種　　類
CAC ☎0471-55-2131	全商品	化粧品、乳液、ファンデーション、口紅、アイカラー、アイブロー、マスカラ、チークカラー、洗顔パウダー、シャンプー、ヘアーパックなど
ハーバー ☎0120-128800	全商品	化粧水、ファンデーション、口紅、リップライナー、マスカラ、アイシャドー、眉墨、クレンジング洗顔料、美容液、パック、スクワランオイル、シャンプーなど
アユーラ ☎0120-090030	敏感肌用	化粧液、保護クリーム、洗顔料、メイク落とし、日焼け止めクリーム
	おとなのニキビ肌用	化粧水、日中用乳液（日焼け止め＋化粧下地）、ファンデーション、日中用肌色ジェル、洗顔パウダー、美容液
イプサ ☎0120-860523	センシティブ	化粧水、乳液、洗顔ソープ、日焼け止めクリーム
エルセラーン化粧品 ☎06-6344-0636	AT－P	保湿液、保湿クリーム、ソープ、化粧オイル
	エルシェラ	乳液、保湿クリーム、クリームファンデーション、リキッドファンデーション、おしろい、ツーウェイケーキ、口紅、リップクリーム、リップカラー、アイシャドー、眉墨、チークカラー、洗顔クリーム、日焼け止めクリーム、美容液、化粧オイル
	シェラディ	乳液、クリーム、ファンデーション、口紅、アイシャドー、クレンジング、洗顔料、化粧オイル
コーセー ☎03-3273-1511	デリカーヌ	化粧水、乳液、保湿クリーム、リキッドファンデーション、パウダーファンデーション、化粧下地クリーム、クレンジング、洗顔料、日焼け止め乳液、夜用美容液
資生堂 ☎0120-814710	イプニーズ	化粧水、乳液、クリーム、ファンデーション（パウダー状）、昼用クリーム（日焼け止め、下地クリーム）、クレンジング、クレンジングフォーム、美容液
	ナチュラルズ	化粧水、化粧液、クリーム、ファンデーション、パウダー（アイシャドー、頬紅など）、リップ、マスカラ、洗顔パウダー、ソープ、シャンプーなど
ファンケル ☎0120-302222	ベルメールなど	化粧液、乳液、クリーム、ファンデーション、下地クリーム、リップカラー、アイライナー、アイカラー、チークカラー、洗顔パウダーなど

ます。いわゆる自然派化粧品の**アザレ、アンファティ、イオナ、DHC**などの商品にも使われています。表2を見て、含まれていない化粧品を選んでください。

3 ちふれ化粧品の化粧水
アフターサンスキンローション（詰替用、150mℓ、350円）

表示がわかりやすい

無香料・無着色であるうえ、全成分・分量と製造年月まで公表し、しかも安い、**ちふれ**（☎0120-1474-20）の化粧品。ここでは化粧水を取り上げましょう。

使われている成分は9種類。安全性で問題がある成分は、環境ホルモン作用が疑わしいパラベンだけです。

シンプルで、アレルギーや刺激を起こしやすい成分も少ないので、相対的な安全性は高いです。この化粧水は「買ってもよい」でしょう。

カンフルは、着物の虫よけにタンスに入れて使われている樟《しょう》脳《のう》のこと。クスノキから得られる成分で、副作用は少なく、一般的に化粧品には、局所刺激作用や防腐剤として使われています。

1,3-ブチレングリコールは、皮膚刺激が少なく、毒性も低い保湿剤。POEオレイルエーテルは、非イオン界面活性剤です。また、オウゴンエキスは、シソ科のコガネバナから抽出されたもので、フラボノイド、ステロイド類などを含んでいます。

感心するのは、全成分表示のわかりやすさ、見やすさです。単に化学物質名だけでなく、用途（保湿成分、防腐剤など）まで書かれています。これなら化学物質名に弱い人でも、「フムフム、なるほど」と思えるのではないでしょうか。他のメーカーの表示と比較すれば、そのわかりやすさは一目瞭然です。

他のメーカーの場合、小さくぎっしり書かれているので、歳をとってくると虫メガネなしでは判読できません。それに、たくさんの化学物質が何のために使われているのかわからないので、普通の人は理解できません。これでは、全成分表示になっても、消費者にとっては意味がなくなってしまいます。

「被害の責任だけは選んだ消費者側に」というのでは、あんまりというもの。雰囲気だけで高価な商品を売りたいメーカーにしてみれば、「できるだけわかりづらく」する

DATA

〈表示成分〉

清涼成分：変性アルコール10.00%、d-カンフル 適量、保湿成分：1,3-ブチレングリコール1.00%、オウゴンエキス0.02%、可溶化剤：POEオレイルエーテル0.01%、防腐剤：●パラベン0.15%、pH調整剤：クエン酸 適量、クエン酸塩 適量、基剤：精製水　全量を100%とする。●は薬事法に基づく表示指定成分。

意識が働くのももっともでしょうが、買って使う人の身になってほしいですね。

なお、製造記号の最初の2ケタが年（00なら2000年）、次の2ケタが月（08なら8月）を意味しています。

ただし、環境ホルモンの問題があるので、これから出産を考える女性には使用を積極的にはすすめません。

さて、久しぶりにちふれ化粧品の売場を歩いて、驚きました。クリームや乳液など、ほとんどの商品に、詰替用があるのです。たとえば、この化粧水は、ビン入りなら500円、詰替用は350円でした。

口紅は、34色の中身と3タイプ12種類の口紅ケースがあって、選べるし、容器の再利用ができます。

美白美容液の**ＭＣⅡホワイトニング エッセンス**は、30mℓ1100円。使い終わったら、800円の中身だけが買えます。ポンプ式容器も、400円で販売されていました。

環境問題に積極的なメーカーを応援していこう

美しくデザインされた大量の化粧品容器が使い捨てされるばかりでいいのかと、私は考え続けてきました。ちふれのこの試みには、心から敬意を表したいです。

実際のところ、たとえば牛乳の紙パックは燃やしたほうがよいのか、回収したほうがよいのかなど、議論が分かれるようです。何が何でもリサイクルがよいとはいえないかもしれません。しかし、それ以上に、このますべて使い捨て容器のままでよいはずがありません。こうした新しい試みを応援していきたいと思います。

ミス・アプリコットも、先進的な試みをしているメーカーです。**スムースルーファローズマリー**という化粧水のガラスビンには、「容器は回収再利用いたします。10本以上まとめて、スプレー部をつけたまま、郵便小包みの着払いでお送りください」と書かれています。送料は会社持ちで送れるわけです。

他のメーカーも、再生紙や植物性インクを使う、ダイオキシンが発生しないプラスチック容器に変えるなど、美と健康を考える化粧品会社だからこそ環境問題に積極的に取り組んでほしいと思います。

4 オーブリー オーガニクスの化粧水
ローザ モスクエータ ハーブトナー
（8オンス、1800円）

表示に問題はあるが、相対的にマシ

DATA
〈表示成分〉
蒸留水、イングリッシュラベンダー、グリセリン、ローズマリー・セージ・海藻・パリエタリア・レモンなど22種の植物のエキス、安息香酸。

オーブリー オーガニクス（販売元ミトク）の化粧品は、天然成分100％がウリで、こう明記しています。

「合成化学成分は一切使用しない。ハーブや天然成分を使い、しかも使われる植物は野生のものか、有機栽培で育てられたもの」

この化粧水（アメリカ製）に表示されている成分を見てみましょう。全成分（26）が表示されています。指定成分は安息香酸、合成化学成分はグリセリンと安息香酸です。

ただし、植物のエキスは通常、水、アルコール、プロピレングリコール、スクワラン、グリセリンなどで抽出されます。つまり、ハーブの化粧品といっても、ハーブの粉末が入っているわけではなく、化学薬品で抽出されたエキスが使われているのです。

そのあたりをミトク技術室の辻文雄氏に聞きました。

「ハーブエキスはほとんどが水抽出だが、パリエタリアエキスは1,3-ブチレングリコール溶液で抽出しています。また、グリセリンは、ヤシ油脂肪酸グリセリンエステルの加水分解で製造。アルコールは、合成ではなく発酵して作った天然のものです。そして、日本で売られている製品はアメリカの製品とは違い、安息香酸とプロピレングリコールを除いています」

1,3-ブチレングリコールも、加水分解という化学的な合成過程で作られたグリセリンも、化学物質です。にもかかわらず、「合成化学成分は一切使用しない」という表現は、あまりにも過剰すぎるでしょう。

パンフレットには大豆から作られたインクと再生紙を利用し、パッケージはリサイクル可能という一生懸命な会社ですが、日本語のラベル表示は適正ではありません。

私はレモンやキュウリを顔にのせて、かぶれた経験があります。天然のものが化学成分より必ずしもよいとは考えていません。しかし、他のメーカーの化粧水と比べれば、成分的に見て問題が少ないと思います。

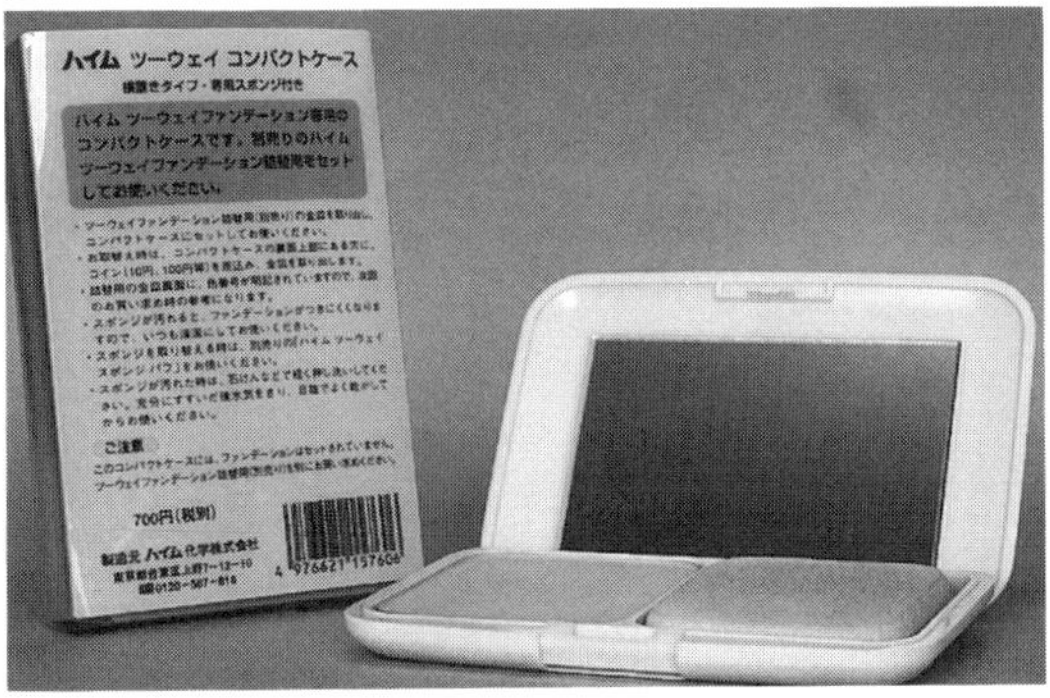

5 ハイムのファンデーション
ツーウェイファンデーション（SPF20++、700円、容器別）

全成分が表示され パラベン以外は安全

ファンデーションは、粉（顔料）と油（結合剤）を混ぜ合わせたものです。

ハイム（☎0120-567816）の化粧品は、全成分が表示されています。このファンデーションは、25種類。40ページのエスティローダー（37種類）の3分の2ですから、それだけ肌への負担も少ないといえます。パラベン以外は、問題がある成分を使っていません。

たとえば、紫外線吸収剤の代わりに、酸化チタンや酸化亜鉛などの紫外線散乱剤で紫外線をカットしています。これらの無機顔料は熱や光に強く、変化を受けにくく、皮膚から吸収されません。肌への負担や毒性もないようです。

いくつかの使用成分を説明しましょう。

①ポリアクリル酸アルキル

界面活性作用があるが、分子量が大きいので吸収されず、肌への影響も弱い。

②ヒドロキシアパタイト

「歯を白くする歯磨き剤」で一躍有名になった成分。リン酸カルシウムの一種で、顔料として使われている。肌への影響は弱いと思われる。

③シリコーン油

水をはじく作用があり、ベタつきがなく使用感が軽いため、広範囲の化粧品に使われている。毒性は弱いようだ。

④ステアリン酸

油性成分として、クリーム、化粧水、口紅などに多用されている。毒性は弱い。

⑤カンゾウフラボノイド

保湿剤。医薬品として古くから使われてきた。皮膚刺激の緩和や解毒などの効用があるが、アレルギーの報告も。

⑥シラカバエキス

葉や樹皮などから、プロピレングリコールなどで抽出。肌への影響は不明。

ファンデーションなら、より安心で、価格も安い、ハイムのこの商品を選びます。

ただし、皮膚刺激やアレルギーが起こる可能性はありますから、自分の肌で確かめてください。また、これから赤ちゃんを産もうという若い女性は、パラベンが使われていないファンデーションを選んだほうがいいでしょう。

6　ゲノムの保湿液
デイジェル（ポンプ付、25g、2800円）

DATA

〈表示成分〉

シラカバ樹液、1,3-ブチレングリコール、海藻抽出末、濃グリセリン、γ-オリザノール、ユキノシタエキス、ヨクイニンエキス、複合原料（アロエエキス、クロレラエキス、カッコンエキス、ヒキオコシエキス(1)-《エンメイソウ》、シナノエキス、オトギリソウエキス、ボタンエキス）、カミツレエキス、オウゴンエキス、クワエキス、水溶性コラーゲン、デオキシリボ核酸カリウム、ε-アミノカプロン酸、アラントイン、トリメチルグリシン、フェノキシエタノール。

全成分表示 毒性成分は含まれていない

「保湿のためのいい化粧品を紹介してください」というお問合せが多くありました。健康な肌であれば、保湿クリームなどを補う必要はないと思います。しかし、職場や通勤電車など、自分の思うようにならない環境のなかで冷暖房にさらされ、肌が保湿を欲している人も多いようです。使ってもいいと思える保湿液が見つかりましたので、紹介しましょう。

ゲノム（☎0120-626252）は、早くから全成分表示を実行してきました。さらに、容器には燃やしてもダイオキシンなどが発生しないポリエチレンナフタレートを、パンフレット類には再生紙を使うなど、環境に配慮した取組みを続けてきた会社です。過剰な宣伝をせず、理性的で、自然体なところにも、好感がもてます。

成分を見てみましょう。指定成分は、ありません。説明書に表示されている成分は17種類で、いずれも毒性の報告はないようです。保湿成分が12種類を占めています。

さまざまな保湿成分を配合

水溶性コラーゲンは人間の皮膚の成分で、たくさんの動物の組織に存在しています。化粧品には、牛から摂ったものが使われているようです。皮膚のコラーゲンは、老化による代謝機能の低下とともに変化が起き、弾力性がなくなるなどシワの発生につながると指摘されています。とはいえ、皮膚に塗ったり、飲んで、シワが減らせるとは思えません。

また、天然の植物から摂ったたくさんの種類のエキスが配合されています（複合原料と表示されているものもある）。これらは、植物を水、1,3-ブチレングリコール、エタノールなどで抽出したものです。量によっては効能が知られている成分もあります。たとえば、アロエの消炎と紫外線防止効果やカミツレの殺菌効果などです。ただし、含有量を表示してほしいと思いま

す。そうすれば、どの程度の効果が期待できるのかがわかるからです。現時点では、保湿程度に考えておいたほうがいいでしょう。

抗炎症剤のアラントインは、傷の治療効果に加えて、収れん(引き締める)作用もあります。化粧品はそもそも、肌にとっては異物です。その刺激を抑え、肌の荒れを治す力があることから、口紅などに多く使われてきました。

γ―オリザノールはビタミンB。血行を促進する作用があり、育毛剤に配合されています。ただし、効果があるのは、食べた場合です。皮膚からどの程度吸収されて効果があるかは、データがなく、疑問です。また、アレルギーの報告があります。

トリメチルグリシンは、乳化、界面活性、防腐作用があり、低刺激です。

1,3-ブチレングリコールは、18ページを参照してください。

保存には気を配ろう

殺菌防腐剤のフェノキシエタノールは、「無添加」化粧品に好んで使われています。パラベンに比べると防腐効果は弱いので、おそらく1,3-ブチレングリコールなども加え、少量の容器や小分け容器などを工夫しているのでしょう。

こうした天然の動植物から摂ったエキス類を多く含んだ化粧品は、一般に保存期間が心配です。そこで、1,3-ブチレングリコールとフェノキシエタノールを配合し、3年はもつように作られています。もちろん、戸棚の中に入れるなど、直射日光を避けた場所で保存したほうがいいことは、いうまでもありません。

なお、アレルギーが起きる可能性はあります。敏感肌の人は、お試しセットなどでパッチテストをしてください。

また、次の二つを要望したいと思います。

①現在お試しの商品が、クレンジング、洗顔料、化粧水、保湿液(朝・夜用2タイプ)のセット(5日間用、1300円)になっている。これを単品にしてほしい。

②チラシで、「美白作用、ヨクイニンエキス」など成分名に効能をつけないようにしてほしい。

7 大島椿の保湿剤
アトピコ ウォーターローション（150ml、1200円）

DATA

〈テストの詳細〉

期間　98年５～８月

対象　アトピー性皮膚炎18人、皮脂欠乏性湿疹15人など計35人。

性別　男性16名、女性19名。

年齢　アトピー性皮膚炎＝２～15歳が６人、19～82歳が12人、皮脂欠乏性湿疹＝50歳以上が８人。

（出典）『西日本皮膚』61巻４号、99年。

　アトピー性皮膚炎や乾燥肌などに効果があるというさまざまな商品が販売されています。アトピー性皮膚炎患者の皮膚は、皮膚の脂質量が少なく、皮膚から蒸散する水分量が多いので、乾燥し、バリア機能が低下しています。その結果、発汗、乾燥、紫外線や化学物質などの刺激によって、炎症やかゆみが生じやすくなるのです。

　したがって、適当な保湿剤をつけて、症状をやわらげ、バリア機能を回復させることが大切とされています。では、アレルギーの人が使える保湿剤があるのでしょうか。

　データもないまま、口コミや店頭ですすめられるままに使うのでは不安です。「効果がある」としたデータを見つけたので、紹介しましょう。

　効果があった保湿剤は、**大島椿（☎０１２０-４５３０５６）のアトピコ ウォーターローション**。精製したツバキ油が配合された全身用の保湿ローションで、スプレータイプの容器に入っています。無香料・無着色と書かれていて、パラベンだけが表示されています。そのほか使われているのは、可溶化剤（合成界面活性剤）や保湿剤です。

　患者たちはそれぞれ朝夕１日２回に加えて、入浴後にも適量をスプレー。顔面には、適量を手に取って塗ったそうです。そして、乾燥、鱗屑《りんせつ》（ポロポロと皮膚がはがれる）、赤くなる、掻破痕（かきすぎて皮膚を傷つける）、かゆみの各皮膚症状を、使用開始前と比べて、「著しく改善」「改善」「やや改善」「不変」「悪化」の５段階で評価しました。

　その結果、「やや改善」以上が２週間後で94％と、高率です。「きわめて有用」とした人は60％、「有用」は34％。「有用でない」と「好ましくない」は０％、「今後も使い続けたいと思う」人が90％でした。しかも、副作用は１例もありません。

　どんな保湿剤を使ったらよいかわからない人は、お試しください。使い心地は、刺激がなく、さっぱりとしています。ただし、とくに子どもは、症状がよくなったら、使うのをやめましょう。

8 DHCのオイル
オリーブ バージンオイル（10㎖、1700円）

DATA
〈指定成分〉
なし。

コンビニで販売され、男性用もそろったＤＨＣ（☎０１２０-５７５３７０）の化粧品は、「全品無香料・無着色、高品質天然成分配合」がキャッチフレーズ。「卵のようにツルツル」などのテレビＣＭが浸透したせいもあってか、地方の店舗でも「若い人が買っていくよ」とのことでした。表示されている成分はパラベンのみですが、表示されていない成分が心配です。

有機栽培のオリーブからしぼり指定成分非使用

そのなかで、買ってもいいなと思えたのが、このオイル。「男性用は特に日焼け防止のために作りました」とパンフレットに書かれています。指定成分はありません。

「女性用は１００％バージンオイルですが、男性用には油性甘草エキスなどを配合しています。両方ともＳＰＦ値は7程度。サンスクリーン剤というより、紫外線の悪影響から肌を守る程度に考えてほしい」（ＤＨＣ）

私はふだんから、かかとや肘、膝などの保湿や手荒れにゴマ油やオリーブ油を使っています。問題は、精製過程です。バージンオイル（一番しぼり）は、果実を砕き、しぼったものを湯で洗う程度で、特有の香味があります。

一方、安いオイルは、そのしぼりカスから3～4回も圧搾を繰り返し、油を抽出したものです。化学薬品を加えて加水分解し、高温・高圧で精製しています。そのため、天然の酸化防止剤であるビタミンＥはじめ、微量のビタミンやミネラルは、ことごとく蒸発・分解されるのです。

その点をパンフレットで確認してみました。

「スペイン産の完全有機栽培されたオリーブの実がまだ青いうちにひとつひとつ手摘みしています。その果肉を砕く際にほんのわずかにしたたり落ちる『フロール・デ・アセイテ（オイルの精華）』だけを使用」

「それなら納得。高くない」と女性用を買ってきました。使い心地は、食用のバージンオイルよりさっぱりしている感じで、悪くありません（ただし、パンフレットに「紫外線防止」と書かれているのは疑問です）。

9
アクセーヌのアトピー性皮膚炎患者用化粧品
スキンコントロールADシリーズ

私はかなり敏感肌なので、「自然」「無添加」化粧品があてにならないことをイヤというほど味わっています。読者からのお手紙を読むと、何人もの方が「自然」「無添加」化粧品で「痛み、突っ張り、赤み、ブツブツの症状がひどく」なっていました。では、最近流行の「アレルギーテスト済み」化粧品なら、大丈夫なのでしょうか。

「アレルギーテスト済み」はあてにならない

4つのメーカーの「アレルギーテスト済み」化粧品について調べてみました。ところが、**資生堂**、**コーセー**、**マックス ファクター**のテストは、「化粧品は健康な人が使用するのが前提なので、被験者は健常者に限る」というものです。そして、「アレルギーテスト済み」のすぐ近くに「すべての人にアレルギーが起こらないわけではない」とも書かれています。かぶれない人はかぶれない、肌が敏感な人がかぶれるのが、アレルギーです。それなのに、かぶれない人だけでテストして、意味があると思いますか。

そもそも、厚生省はアレルギーテストを義務づけていません。各メーカーが勝手に表示しているだけで、何の基準もないのです。したがって、「アレルギーテスト済み」は、あくまでも目安程度にしかなりません。

なお、資生堂とマックス ファクターのアレルギーテストは、アメリカの健康な肌のモニター25~50人に1~2カ月間、行いました。また、コーセーはイギリスで実施しています。どちらも、日本人を対象には行っていないのです。

エッセンスやクリームでアトピー症状が改善した

そこで、おとなのアトピー性皮膚炎の患者さん用に開発された、**アクセーヌ**（☎0120-120783）の**スキンコントロールADシリーズ**のテスト結果（東京医科歯科大学の谷口裕子氏らによる）を紹介しましょう。このシリーズは、指定成分、刺激を起こしやすい脂肪酸や界面活性剤などを除去して開発されました。美容液**ADコントロー**

DATA
〈参考文献〉
『皮膚科紀要』93巻1号（98年）。

スキンコントロールＡＤシリーズ
（写真提供：アクセーヌ株式会社）

ルエッセンス（25mℓ、7000円）、化粧水**ＡＤコントロールローション**（120mℓ、3500円）、クリーム**スキンプロテクターＡＤ**（30g、5000円）などがあります（お試しセット（ソープ、エッセンス、クリーム、化粧水）の価格は1200円です）。

　対象は54名の患者さん（うち女性38名）。パッチテストを20名に、4週間連続使用テストを16～30名に実施しました。患者さんのアトピーの程度は、軽度が20名、症状が比較的強く日常生活や仕事に多少影響がある中度が26名、日常生活や仕事に相当影響がある高度は8名です。

　その結果、パッチテストでは48時間後、72時間後とも、刺激反応はありませんでした。皮膚刺激指数も低く、使用テストでは、皮膚の状態がややよくなった「やや有用」以上の使用者は、エッセンス79％、クリーム66％、化粧水65％、洗顔料58％、入浴剤44％です（表3参照）。一方、発赤（赤くなる）、丘疹（ふくれる）などによる使用中止例は、高度・中度の患者さんで、化粧水2名、クリーム2名、洗顔料1名でした。

　アトピー性皮膚炎の人で、化粧品を使いたい人は、この結果を参考にしてください。ただし、化粧品は強い炎症の治まった後に使用することが原則です。

表3　スキンコントロールＡＤシリーズの有用性

	例　数	非常に有用(%)	有用(%)	やや有用(%)	どちらともいえない(%)	有用でない(%)
エッセンス	30	3	43	33	20	0
クリーム	29	17	21	28	28	7
洗顔料	26	0	35	23	38	4
化粧水	23	26	26	13	26	9
入浴剤	16	0	6	38	56	0

(注) 例数がバラバラなのは、患者さんの状態により主治医の判断で選択使用したためである。

10 資生堂の尿素入りハンドクリーム
やわらかスベスベクリーム（60g、500円）

DATA
〈指定成分〉
セタノール、ステアリルアルコール、ミリスチン酸イソプロピル、エデト酸塩、パラベン。

割合が表示されている商品を選ぼう

尿素が注目をあびているようです。ひどい乾燥肌や手荒れに悩む人が多く、いままでのような「うるおい」より、「効く」ものを求める人たちが増えているのでしょうか。

尿素入りハンドクリームには、医薬品と医薬部外品があります。医薬品は尿素の割合が表示されていますが、医薬部外品は一般に表示されていません。その点、**資生堂**の**やわらかスベスベクリーム**は医薬部外品でありながら、「尿素10%配合」と医薬品並みの表示。選ぶなら、これがおすすめです。

医薬品の尿素軟膏は、アトピー性皮膚炎、主婦湿疹、老人性乾皮症（乾燥肌）などの治療剤。カサカサ肌や、硬くなった肘、膝、かかとなどに効果があります。ただし、尿素は目に使うことは禁止されています。炎症やひび割れがある場所への使用も、避けなければなりません。ハムスターに染色体異常を起こしたという報告があります。

4864人を対象にしたテストでは、118人（2・4%）に副作用が起きました。おもな症状はピリピリ感、痛み、赤み、かゆみなどです。痛みや熱感、かゆみなどの刺激症状や過敏症状が現れたときは、使うのをやめましょう。また、肌がスベスベになったからと過信して、どこにでも塗ったり、誰にでもすすめないこと。そして、スベスベになったら使うのをやめ、様子を見てください。

一方、何%入っているか明らかにせず、「有効成分・尿素配合」と表示する、**コーセーのウレノア薬用ハンドクリーム**は、避けましょう。刺激作用、肝臓・腎臓への障害や発ガン性が報告され、発ガン性があるニトロソ化合物を生成することでも知られるトリエタノールアミンも含まれています。

さらに、水をはじくように、流動パラフィン、シリコーン油、消炎剤などが配合されているハンドクリームもあります。顔には使わないほうがいいでしょう。どうしてもつけたい人は、自分の肌の状態を説明して、メーカーに確認してください。

11 ネパリ・バザーロなど 植物性染毛剤ヘナ

表4　化学染料を含まないヘナ

メーカー名	商品名	分量・価格	問合せ先
インディアンハーブプロジェクト	ナチュラルハーブヘナ	100g・1,000円	☎042・546・9435
グリーンノート	ハーブ・ヘナ	100g・1,800円	☎03・3366・0269
ネパリ・バザーロ	ナチュラルヘナ	70g・1,000円	☎045・891・9939
パン・エフピー	ヘアトリートメントヘナ	100g・1,200円	☎042・523・7511

市販の染毛剤にかぶれる人や、発ガン性が疑われる物質がイヤな人などに、植物染料のヘナが使われてきました。ヘナはインドやエジプトに自生する草色の薬草。古くから、皮膚病の予防などの薬効のほか、髪を染める植物として知られてきました。

熱湯に溶け、ケラチンにつく性質を利用して、染めます。最近では、肌を活性化させ、心をリフレッシュさせるセラピー効果が人気のようです。葉を乾燥させて粉末にします。

このヘナを水や紅茶などでケチャップ程度の濃度に溶き、毛髪に塗ってキャップをかぶり1時間ほど置くと、ダークオレンジに染まります。トリートメント効果もあるので、短時間で洗い流せば髪はしっとり。

刺激性や毒性はありません。ただし、たまにアレルギーを起こす人がいるので、パッチテストはしてください。

ニセ物もあるので見分け方を身につけよう

また、化学染料が入ったニセ物も出回っています（62ページ参照）。見分け方をしっかりと身につけましょう。

①色を見る。

ヘナはモスグリーン。黒や茶色のヘナは化学物質が含まれていると考えよう。

②匂いを嗅ぐ。

ヘナは乾燥した葉のかぐわしい匂い。酸っぱい臭い、シッカロール臭、香料、薬品臭は疑う。

③変色テストをする。

ヘナをポリエチレンの袋に入れて空気を抜き、ゴムできつくしばる。それを紙（ティシュペーパー）で包む。さらに、ポリエチレンの袋に入れ、ゴムできつくしばり、1カ月ほど様子を見る。化学物質が入っていると、紙が褐色に変色する。

ネパリ・バザーロのヘナ
（写真提供：日本子孫基金）

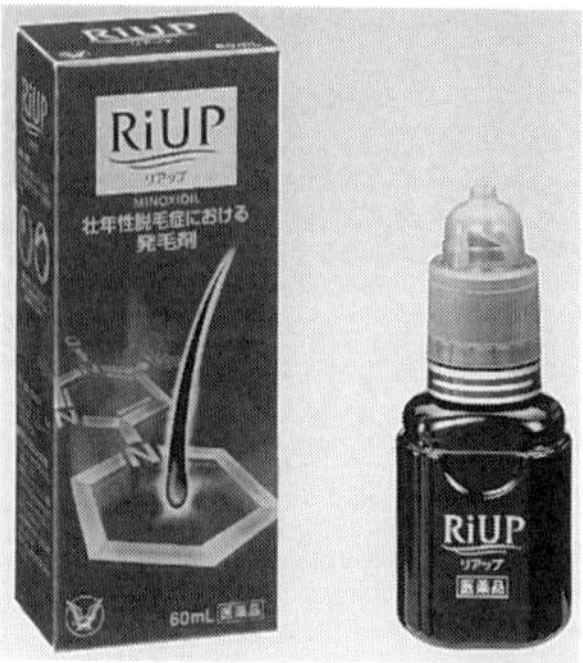

（写真提供：大正製薬株式会社）

12 大正製薬の発毛剤
リアップ（60㎖、5500円）

発毛効果はある 副作用には注意を

これまでの養毛・育毛剤はすべて医薬部外品で、「いまある髪を育てる」化粧品。発毛効果は、ほとんど期待できませんでした。**大正製薬のリアップ**は医薬品で、薬局で売っています。「発毛」という表現は、医薬品にだけ許されています。

99年6月に発売され、約5カ月で出荷本数400万本、使用者100万人にのぼりました。価格は、化粧品の育毛剤と同程度です。

主成分ミノキシジルには血管拡張作用があり、アメリカで血圧降下剤として使われていました。その副作用として発毛が報告され、発毛剤として実用化されたのです。効果があるのは、遺伝性の薄毛または抜け毛で、ゆっくりと何年もかかって進行する壮年性脱毛症。急激な脱毛、原因がわからない脱毛、円形脱毛症などには効きません。

アメリカでは、ミノキシジル2％液と5％液が認可されていますが、日本では1％液のみ。日本の治験結果では1％と2％の効果に差がなく、2％の場合かゆみや接触皮膚炎などの副作用が増加したためです。1％液で、中程度の改善が27％、軽度の改善が73％。中止すると効果がなくなるので、1日2回（1回1㎖）、少なくとも1年間は使い続ける必要があります。

ただし、回数や量は増やさないこと。皮膚から吸収されて血圧に影響したり、かゆみや発疹などの副作用があるからです。高齢者の長期使用には注意が必要とされ、女性への効果は男性より劣ります。

また、頭皮に傷、湿疹、炎症がある人、心臓や腎臓に障害がある人、高血圧・低血圧の人は、使ってはいけません。

発売3カ月間で報告された副作用は、どうき・胸痛約60例、頭痛・めまい約100例、発疹・かゆみ約260例、心筋梗塞などで入院した人が2名です（『朝日新聞』99年11月10日）。

副作用が多少あることを承知したうえで、私が人にすすめるとしたら、このリアップです。でも、いい女は、男を髪の薄さで判断しません。

13 マンダムの整髪料 ルシード ジェルウォーター スーパーハードG（200ml、700円）

無香料なだけ まだ、マシでしょう

DATA
〈指定成分〉
パラベン。

長男が食卓に座ったとたん、整髪料の強い香料で部屋中が満たされ、食べ物の香りは吹っ飛びました。車に乗ったら、前日の彼の整髪料の臭いでいっぱい。窓を開けて走っても、1週間は臭い続けます。とても耐えられないので、使うのをやめてもらいました。

私にとって耐えられない悪臭は、汗やワキガの臭いではありません。混み合った電車やコンビニ、コーヒーショップなどで、強制的に嗅がされる、整髪料の香料が発する臭いです。

なぜメーカーは、強い人工的な臭いを無神経につけるのでしょうか。

使い続けている人は、まわりの迷惑に無関心な恥知らずになるばかりではありません。知らず知らずに臭いに鈍感になり、さわやかな木々の香り、かぐわしい花の薫り、青々した潮の香りなどを感じられなくなります。季節の野菜や果物の味、料理のおいしさも、味わえなくなるでしょう。

毛髪を固める方法は、常温で固形またはペースト状の油を使う、高分子樹脂（高分子化合物）を使う、粘性のある保湿剤を使う、など。整髪料には、泡状のフォーム、ゼリー状のジェル、やや固めのポマードなど多種類あり、それぞれ油、高分子樹脂、保湿剤の組合せで作られます。

たとえばフォームは、水が約70％に、アルコール15％、皮膜形成作用をもつ高分子化合物8％、そして油分、流動パラフィン、グリセリンなどで、できています。また、ジェルは、水が77％、アルコール20％、水溶性高分子2・7％、さらに保湿剤と界面活性剤など。

「どれなら、使ってもいいのかよお。買ってきてくれよ」

長男に言われて、化粧品売場を物色しました。いやあ、ないですね。無香料、それに環境ホルモン作用と発ガン性をチェックすると、どれもダメ、ダメとなる悲しさ。

ま、しかたないかと選んだのが、これです。無香料で、指定成分はパラベンだけです。

14
合成界面活性剤が使われていない石けんシャンプー

一般のシャンプーには、合成洗剤に使われている界面活性剤が含まれています。界面活性剤は、強い洗浄力で頭皮や髪の脂分を取り、キューティクル（髪の毛の表皮）を破壊してしまいます。また、発ガン物質のニトロソ化合物もシャンプーから検出されました。頭皮や髪を守るためには、石けんシャンプーやリンスを使い、キューティクルを傷める原因を避けなければなりません。

自然丸の液体石けん

量を多めに よくすすぎ フケやかゆみを防止

初めて石けんシャンプーで洗うときは、量をたっぷりと使ってください。ふつうのシャンプーと同じ量では、泡立ちがよくなりません。汚れもよく落ちない場合があります。髪がかなり傷んでいるせいで、泡立ちが悪いこともあります。やはり、シャンプーの量を増やしてください。髪が回復してくると、泡立ちがよくなり、シャンプーの量も少なくてすみます。

フケやかゆみが出る人もいるようです。すすぎ不足が原因でしょう。これまで使ってきた界面活性剤により、頭皮の脂分が取られ、傷んでいることも考えられます。石けんシャンプーで2度洗いし、十分にすすぎましょう。そして、石けんシャンプー用のリンスか酢（洗面器に湯を1カップ入れ、食用の酢を小さじ1〜2たらす）でリンスして、よくすすぎ、水分を拭き取ったら椿油などのオイルを補ってください。

余分な脂分を取り去らないので、抜け毛にも効果的です。

私は、**自然丸**（☎０４２-７５９-４８４４）の**液体石けん**（４００㎖、１５４円）をシャンプー容器に入れ替えて、髪の毛にも使っています。リンスは、「香りがなくちゃイヤ」という娘の要望に応えて、**太陽油脂**の**パックスナチュロン リンス**（４００㎖、６９５円）です。ただし、香料が含まれています。アレルギーを起こしやすい人は、酢か、香料が含まれていないリンスを使いましょう。

なお、**アルファ**の**リプロナロヘアーソープＯＬ**や**玉の肌石鹸**の**オリーブ畑せっけんシャンプー**入りもあります。よく表示を見てください。

第2章　買ってはいけない化粧品

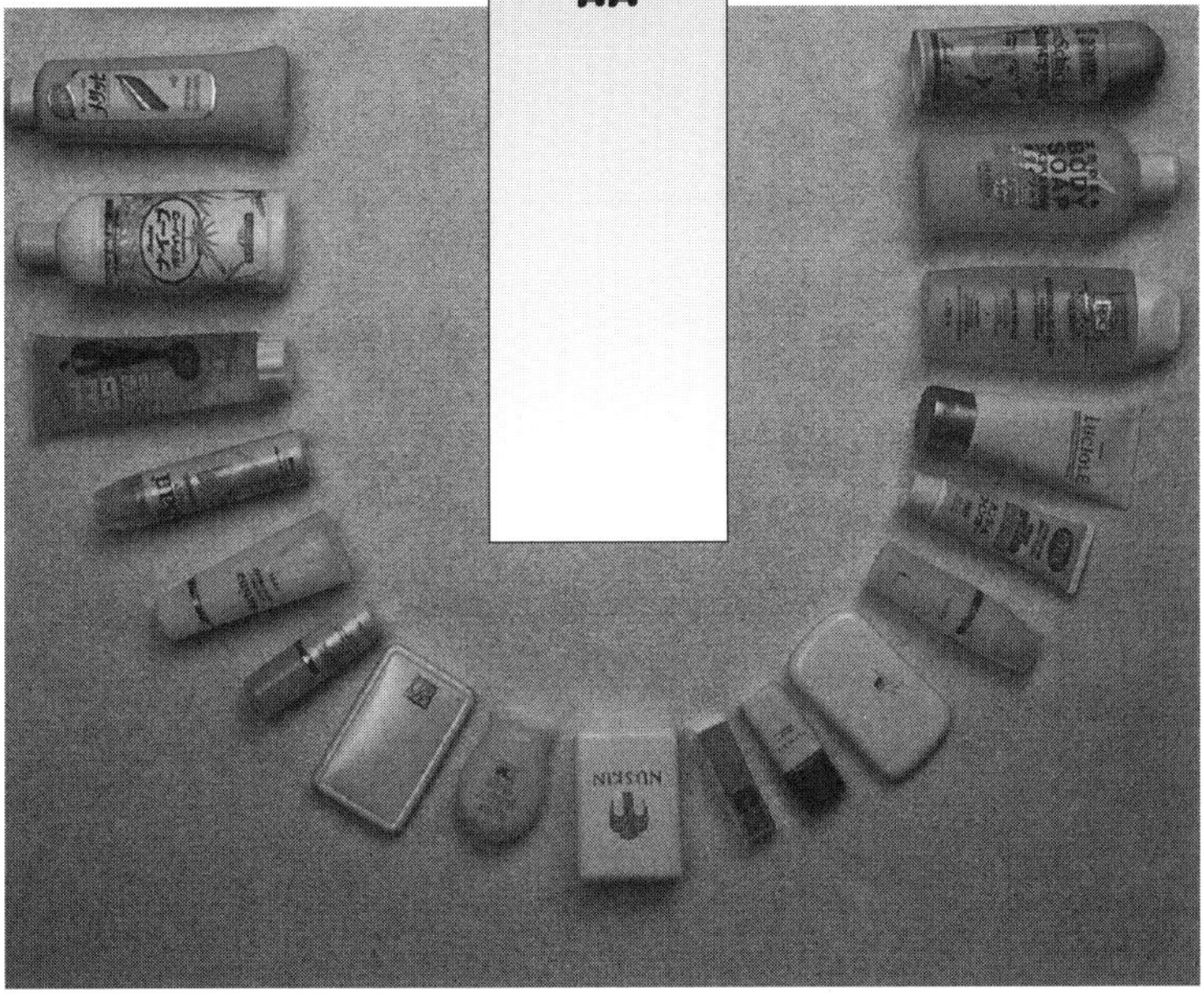

1 環境ホルモン入り化粧品

DATA

〈参考文献〉

シーア・コルボーンほか著、長尾力訳『奪われし未来』翔泳社、97年。

天笠啓祐『環境ホルモンの避け方』コモンズ、98年。

乳ガンや子宮ガンとの因果関係も

「女性がかかるガンの1位は乳ガン。96年には新たに91万人が発病し（半数以上は先進国）、亡くなった人は38万人。2位の子宮ガンは新たに53万人が発病し、亡くなった人は25万人」（世界保健機関（WHO）発表、97年）

日本でも、乳ガンや子宮ガンは増え続けています。原因は、ホルモン作用を攪乱する化学物質である疑いが濃厚です。実際に、「乳ガンは女性ホルモンのエストロゲンによって増殖。子宮ガンも、エストロゲンの量や環境ホルモン作用をもつ化学物質にさらされる期間と深く関係している」とした疫学調査があります。

また、71年に禁止されるまで約30年間、流産防止のために、合成女性ホルモン剤のDES（ジエチル・スチルベストロール）がアメリカや中南米諸国で500万人以上に使われていました。その後の調査で、男の子たちに精子減少、精巣ガン、前立腺異常が、女の子たちに膣ガン、不妊、子宮機能不全、卵管や卵巣の異常が判明しました。

82年にアメリカのミズーリ州で起きたダイオキシン汚染事故では、汚染された母親から産まれた子どものうち、女の子の機能障害がひどく、「ダイオキシンにホルモンのような作用があるために、女性のほうがはるかに影響を受けやすい」（『奪われし未来』）と指摘されています。

このエストロゲンと同じ作用をする物質が、実は化粧品にも使われています。酸化防止剤のブチルヒドロキシアニソール（BHA）、紫外線吸収剤（変質防止剤）のオキシベンゾン、殺菌防腐剤のイソプロピルメチルフェノールです。これらは指定成分ですから、容器に表示されています。とくに、若い女性は避けてください。

ブチルヒドロキシアニソールは、すべての化粧品への配合が認められています。たとえば、**キスミー**の**ファンデーション フェルム オールシーズンケーク**、**クリニーク**の**乳液**、**シャネル**の**香水**、**イヴ・サンローラン**の**口紅**などです。

オキシベンゾンは、大手メーカーのほとんどのサンスク

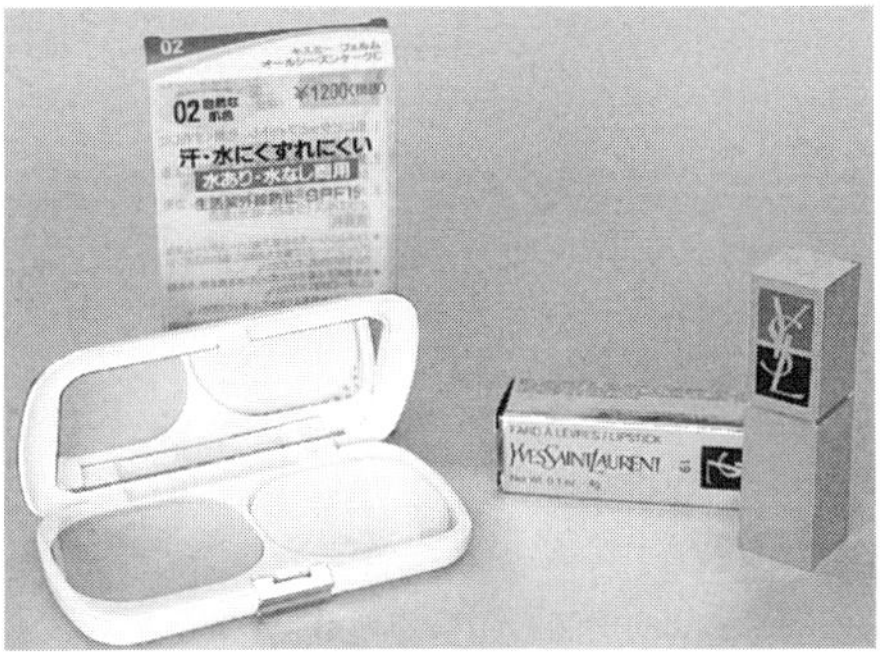

キスミーのファンデーション（左）とイヴ・サンローランの口紅（右）

リーン剤の主成分です。整髪料、マニキュア、美容液、ファンデーションなどにも、使われています。

イソプロピルメチルフェノールを含むのは、**中外製薬**の**ニキビ用軟膏ペア アクネクリーム**、**花王**の**ビブレ薬用アクネローション**、**ライオン**の**制汗剤バン（Ｂａｎ）**、**ワーナー・ランバート**の**ひげそり剤シック®薬用シェーブガード（Ｌ）**などです。

表示されていない環境ホルモンもたくさんある

指定成分として表示されていなくても、環境ホルモンの疑いがある成分もあります。

①溶剤・保留剤・増量剤のフタル酸エステル類。

②非イオン界面活性剤・光沢向上剤・乳化剤のエチレングリコールエステル類。

③増粘剤のビスフェノールＡエステル。

④クリームや乳液の乳化剤、化粧水の可溶化剤（香料や薬剤を溶かす）として使われている、界面活性剤のポリオキシエチレンアルキルフェニルエーテル・ポリオキシエチレンノニルフェニルエーテルなど。

しかし、どのメーカーのどの製品にどれくらい使われているかは、わかりません。

フタル酸ジブチル（ＤＢＰ）とフタル酸ジメチル（ＤＭＰ）は、アイライナー、口紅、口臭消し、入浴用化粧品以外のすべての化粧品に、使用量の制限なしで使うことが認められています。フタル酸ジエチル（ＤＥＰ）の使用が認められていないのは、アイライナー、口紅、口臭消しだけです。フタル酸ジオクチル（ＤＯＰ）は爪用化粧品（マニキュアなど）にだけ許可されています。

②は、皮膚の脂質を溶かして表面を乾燥しやすくし、皮膚の免疫力を減らすことも指摘されています。エチレングリコールモノブチルエーテルは、眼、唇、口の中用の化粧品以外の基礎化粧品、メイクアップ化粧品、日焼け止めなどに使うことが認められています。使用量の制限はありません。

❸は、口紅や整髪料はじめアイライナー以外の化粧品に、使用量の制限なしで使うことが認められています。

④の場合、それ自体にホルモン撹乱作用はありません。しかし、体内や環境で分解されると、エストロゲン類に似た化学物質ができるのです。

2 美白化粧品
花王ソフィーナ、コーセー、資生堂など

表5　美白成分の効果

化学物質名	濃度(%)	期間	臨床試験の結果(%)			
			有効	かなり有効	やや有効	効果なし
コウジ酸	1	2カ月	0～18	9～54	8～36	9～55
アルブチン	3	3カ月	0	32	39	29
ルシノール	0.3	6カ月	15	27	42	16

「肌が白いと得」などとする宣伝には、啞然とさせられます。でも、各メーカーの化粧品売場で聞いてみたら、一番売れているのが美白化粧品だそうです。みなさん、世の中の流れに乗り遅れないように、必死なのでしょうか。

とはいえ、顔に鮮やかなシミがある場合などは、薬の副作用、ケガ、病的なものも含めて、少しでも薄くしたいのが人情。私自身も実は、「目の横にあるシミが取れるなら使いたい」という下心があります。

はたして、どんな成分がどの程度、効果があるのでしょうか。また、副作用は問題ないのでしょうか。

意外に効果は低い

メラニン（褐色または黒の色素）の生成を抑える成分として知られているのは、コウジ酸、アルブチン、ルシノール、ビタミンC誘導体のリン酸L―アスコルビルマグネシウム、エラグ酸などです。シミの改善効果は、人間の顔でどれほど検証されているのでしょうか。表5を見てください。

コウジ酸、アルブチンに「効果なし」が意外と多いのに驚きます。私自身も、コウジ酸を1%含むクリームを、目の横にあるシミに1年間使い続けましたが、まったく効果がありませんでした。

また、リン酸L―アスコルビルマグネシウムは、美白化粧品にかなりポピュラーに使われています。10%濃度で、「やや有効」以上は34名中26名でした。エラグ酸は、臨床報告がありません。

美白成分を説明できない販売員たち

では、化粧品売場で市販されている美白化粧品には、何がどれくらい入っているのでしょうか（表6）。

驚いたことに、大手デパートの店頭で美容部員さんが美白成分を言えたのは、**資生堂のホワイテス クリックエフエクター**と**コーセー**の商品のみ。そのほかは、美白成分が何かわからずじまいでした。まして成分濃度など知るのは夢のまた夢。

DATA
〈参考文献〉
片桐崇行「美白剤について」『皮膚臨床』41巻5号（99年）。

「美容部員を置き、対面販売が必要だから、化粧品の価格は下げられない」とするメーカー各社の主張に説得力がないことが、よくわかるでしょう。多くの美容部員は商品の知識はなく、化粧品の使い方しか知らないようです。メーカーは、塗り方の指導しかしないのでしょうか。消費者もバカにされたものです。

　さらに、各メーカーとも「シミが消えるというより薄くなる」と説明。多大な期待はもたないほうがいいでしょう。

　効能や効果を謳う商品は、少なくとも成分名と濃度の表示が必要です。それなしに、ムードで高価な美白化粧品を買ってしまう消費者が多いとは……。

表6　美白化粧品の美白成分と指定成分

メーカー名	商品名	分量・価格	美白成分	指定成分
花王ソフィーナ	薬用ホワイトニング ディープ ホワイト(スティック)	3.7g 5,000円	—	パラベン、ジブチルヒドロキシトルエン、香料
	薬用ホワイトニング クリアEX	30g 5,000円	—	パラベン、セタノール、ステアリルアルコール、ジブチルヒドロキシトルエン、香料
コーセー	ブライテスホワイトエッセンス	40mℓ 5,000円	コウジ酸、ビタミンC誘導体、*ウィートエキストラクト(小麦胚芽)	パラベン、香料
	コスメデコルテ ブランサン EX	40g 12,000円	ビタミンC、コウジ酸複合体、*ポリフェノール、*ウィートエキストラクト、*コルネオセラム	セタノール、エデト酸塩、黄色203号、パラベン、香料
資生堂	ホワイテス クリックエフェクター	20mℓ 12,000円	アルブチン	ポリエチレングリコール、酢酸トコフェロール、パラベン、香料
	クレ・ド・ポー ボーテ セラムブラン エクストラ	40mℓ 15,000円	—	ポリエチレングリコール、パラベン、安息香酸塩、エデト酸、香料
マックスファクター	SK-IIホワイトニングエッセンス	30g 9,500円	—	セタノール、ステアリルアルコール、ベンジルアルコール、エデト酸塩、パラベン、酢酸トコフェロール

(注)　*はメーカー独自の美白成分、—は美容部員が知らなかった。
調査は99年7月に聞き取り形式で行った。

3　オキシベンゾン入り化粧品

花王ソフィーナのモイスチャーベールＳ（左）と
シービックのコパトーンベビーミルクＡ（右）

表示をよく見て必ず避けよう

　オキシベンゾンには、紫外線吸収効果だけでなく、光線による退色の防止効果や殺菌作用もあります。そのため、サンスクリーン剤に加えて、ファンデーション、ヘアムース、マニキュア、除光液など多くの種類に含まれています。

　オキシベンゾンの化学名は、２-ヒドロキシ-４-メトキシベンゾフェノン。環境ホルモンとしてリストアップされている、ベンゾフェノンの仲間であり、環境ホルモン物質であることが、きわめて疑わしいわけです。化粧品は毎日、人によっては一日に数回も使います。こうした製品に、環境ホルモンの疑いがある物質が使われているのは、許せません。

　しかも、オキシベンゾンは皮膚から吸収され、急性致死毒性があります。少量でも飲み込むと、ムカツキや吐き気、多量では循環器系の衰弱、けいれん、ひきつけ、呼吸困難などの報告がある危険な物質です。

　もともとはプラスティックに配合され、紫外線による製品の劣化を防いでいました。ところが、化粧品の安定のための効果も高く、多く使われるようになりました。

　「化粧品種別許可基準」による配合濃度の規制は、なんと５％以下。５％も入れていいのです！　品質さえ安定していれば、使う人はどうなってもいいのでしょうか。

　店頭で、オキシベンゾン入りの化粧品を調べてみて、驚きました。「デリケートな赤ちゃんの肌をやさしく守る」と宣伝されている日焼け止めのサンスクリーン剤にまで配合されていたからです。それは、**シービック**の**コパトーン ベビーミルクＡ**、**コパトーン ベビーミルクＢ**（いずれも45mℓ、１０００円）。あまりにも無神経です。

　資生堂の**ウーノ スーパーハードムースＮＢ**（１５０ｇ、１０００円）だって、無香料・無着色が強調され、使う人本位に作られているかのように思わされます。

　オキシベンゾン入りの化粧品は、買ってはいけません。

表7　オキシベンゾン入り化粧品の例

種　類	メーカー名	商　品　名
化粧液	花王ソフィーナ	モイスチュアベールS(美肌バイオエッセンス)
脚・ふくらはぎ用化粧液	資生堂	イニシオ レッグアトラクティブ
ボディ用化粧液	資生堂	イニシオ リフトコンシャス
化粧下地	コーセー	ルシェリ プレメイクアップエッセンスUV
日中用薬用乳液	エスティ ローダー	ホワイトライト ブライトニング プロテクティブ・ベース30
日焼け止め・化粧下地乳液	キスミー	サンキラー クリアミルク
ファンデーション	コーセー	ユニヴェール リキッドファンデーション エクストラ ルシェリ ポアミニマイズ 2ウェイパクトUV410
	ニナリッチ	バーズ ニュアンセ
日焼け止め (サンスクリーン用)	シービック	コパトーン オイルフリー ローションA コパトーン ベビーミルクA コパトーン ベビーミルクB
	ナリス化粧品	パラソーラ サンスクリーン ミルキー パラソーラ クール サンスクリーンEX
美容液	資生堂	リバイタル サンプロテクター
マニキュアと除光液	エキップ	シンシアローリー ネイルカラー
	エテュセ	ネールカラーN ネールニュアンス (マット)
	カネボウ化粧品	イエイ ネイルカラーリムーバー イエイ ヤサシアネイルカラー
	カバーマーク	ジェントル エナメルリムーバー
	クオレ (KENNZOパレット事業部)	KENNZO パレットネイルコートV
	クレージュ	ヴェルニロエクラ
	コーセー	コスメデコルテ ネイル イントゥイス
	ちふれ化粧品	R-100 STマニキュア
	マックス ファクター	ラステフィングカラー ネイルエナメル
ヘアートリートメント	マックス ファクター	ウィー・ジー フィニッシュ キューティクルフォーム
男性用化粧品	資生堂	アウスレーゼ ヘアトニックNA アウスレーゼ リキッドブリランチN アフター シェーブ ローション アレフ ヘアムース ロードス ヘアスプレイ ロードス リキッドヘアドレッシング ウーノ スーパーサラサラムースN ウーノ スーパーハードムースN, NB
	プレクシード(柳屋本店)	コンポ ウォーターイン ハード スプレー

4 エスティ ローダーのパウダーファンデーション スイス ホワイトニング スーパーUVケア SPF15+（5000円、容器別）

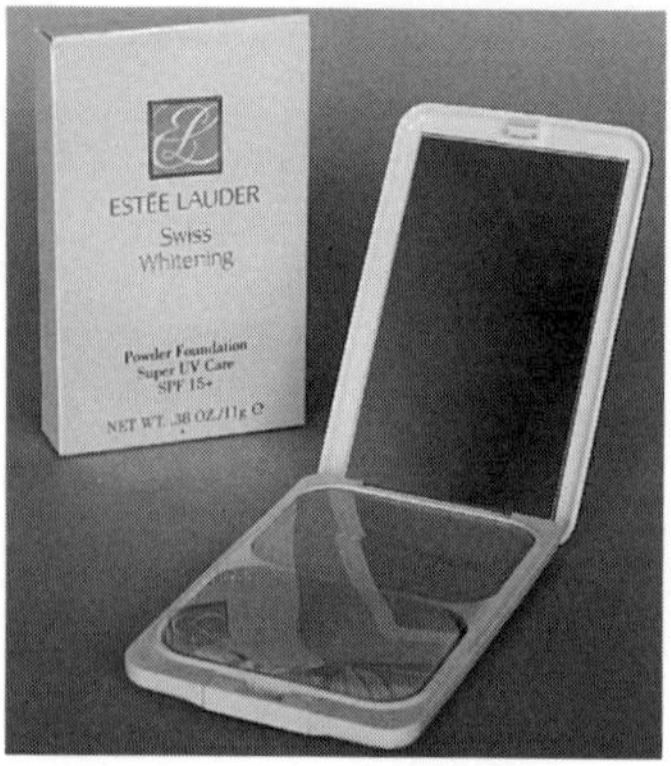

DATA

〈指定成分〉
トロフェロール（TOCOPHEROL）、デヒドロ酢酸塩（SODIUM DEHYDROACETATE）、パラベン（PARABEN）。

紫外線吸収剤入り 37種類もの化学物質

「皮膚が赤くなって、ひりひりした」という指摘があったので、全成分が表示されているものを成田空港の免税品店で購入しました。日本製で、表示成分（パラベンは1種類に数える）は37種類（表記は英語）です。このうち、日本で表示が義務づけられてる成分は、たった3種類。トコフェロール、デヒドロ酢酸塩、パラベンです。

個別に成分をみましょう。

指定成分以外で安全性でとくに問題があるのは、紫外線吸収剤です。パラメトキシケイ皮酸2-エチルヘキシルは、発ガン性、皮膚への刺激作用、アレルギーを起こすという報告があります。4-tert-ブチル-4'-メトキシジベンゾイルメタン(BUTYL METHOXYDIBENZOYL METHANE）は、環境ホルモン作用と発ガン性が指摘されているブチルヒドロキシアニソール（BHA）とよく似た構造です。また、アレルギーを起こしやすく、皮膚から吸収され、急性毒性が強いとした報告もあります。

デヒドロ酢酸塩は、皮膚毒性は弱いようですが、催奇形性、発ガン性やアレルギーを起こすと指摘されています。化粧品に認められているのは0・5%まで。ラットに0・03%連続投与した場合、急激に体重が減り、まもなく死亡したそうです（『化粧品原料基準第二版注解』）。

パラベンには環境ホルモン作用の疑いがあります。

このほか、皮膚に刺激やアレルギーを起こしやすい成分は、抗炎症剤のグリチルレチン酸ステアリル（STEARYL GLYCYRRHETINATE）、界面活性剤のオクテニルコハク酸トウモロコシデンプンエステルアルミニウム（ALUMINUM STARCH OCTENYLSUCCINATE）です。

紫外線対策のSPF値が表示されたファンデーションは、紫外線吸収剤が配合されておらず、成分数が少ないほど、肌への負担が少ないといえます。私は、このファンデーションは使いません。

5 RoC社の化粧水 ローション トニーク (DEMAQUILLAGE ACTIF)

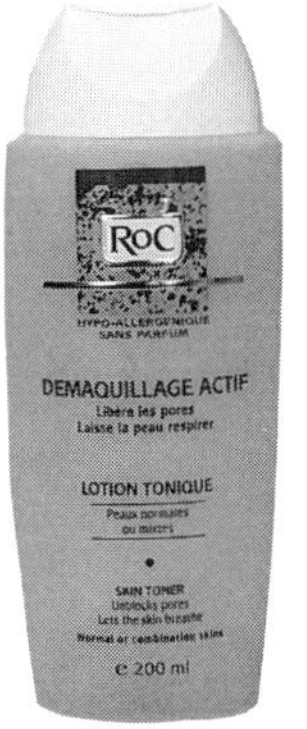

DATA

〈表示成分〉（多い順に並んでいる）
水、アルコール、PEG75（ポリエチレングリコール）、Poloxamer188（ポリオキシエチレンポリオキシプロピレングリコール）、Panthenol（パントテニルアルコール）、PVP（ポリビニルピロリドン）、Phenoxyethanol（フェノキシエタノール）、Ceteth16（ポリオキシエチレンセチルエーテル）、Methylparaben（メチルパラベン）、Dipotassium phosphate（リン酸２カリウム）、Propylparaben（プロピルパラベン）、CI 14700（赤色504号）。

肌には不必要な成分がたくさん含まれている

敏感肌ご用達、低刺激、無香料、ノンコメドジェニック（ニキビになりにくい成分配合）として、皮膚科医がよくすすめるフランスの**ＲｏＣ社**。その化粧水（２００㎖）を、全成分表示のヨーロッパで買ってきました。日本円で９６１円でしたが、日本では３２００円です。

化粧水は一般に、普通肌用と乾燥肌用があり、乾燥肌用には油分や保湿剤がより多く処方されています。油分が入っていれば、必ず乳化剤や界面活性剤も入れられています。私は「肌に油分が必要なら、天然の油で補えばよい」と考えているので、化粧水は普通肌用しか買いません。

ローション トニークは、「pHを整え、必要な潤いを与えつつ汚れをきれいに落とす中性の化粧水。ほどよく肌を引き締めるアルコール分とライムの花のエキスが肌をすっきりと整え」るそうです。成分は12種類（表記は英語）。そのうち現在の日本で表示されている成分は、ポリエチレングリコール、パラベン、赤色５０４号だけです。

分散剤や保湿剤として使われているポリエチレングリコールは、発ガン性が報告されており、アレルギーを起こしやすい成分。ただし、分子量が多いと吸収されにくくなり、毒性は低下します。ここで使われているものは、平均分子量が２６００〜３８００。敏感肌用の化粧品には、皮膚から吸収されにくい高分子化合物が使われているのです。

フェノキシエタノール、メチルパラベン、プロピルパラベンは、環境ホルモンの疑いがある殺菌防腐剤。赤色５０４号はタール色素で、発ガン性やアレルギーを起こすことが指摘されています。

このほか、Dipotassium phosphate はpH調整剤、Poloxamer188は高分子非イオン界面活性剤、Ceteth16も界面活性剤です。

製品安定のために含まれる殺菌防腐剤、高分子化合物、pH調整剤などは、肌には不必要。成分数が少ない製品を選ぶのが、もっとも簡単な化粧品選びの方法でしょう。

DATA

〈本文で取り上げた表示成分〉

大豆エキス　GLYCINE SOJA（SOYBEAN PROTEIN）、ツボクサエキス（HYDROCOTYL（CENTELLA-ASIATICA）EXTRACT）、レシチン（LECI THINE）、ヒアルロン酸（SODIUM HYALURONATE）、酢酸トコフェロール（TOCOPHERYL ACETATE）、マイカ（MICA）、酸化チタン（CI 77891（TITANIUM DIOXIDE））、無水ケイ酸（SILICA）、青色1号（CI 42090（FD&C BLUE NO. 1））、パラベン（METHYLPARABEN、ETHYLPARABEN、BUTYLPARABEN、ISOBUTYLPARABEN）、プロピレングリコール（PROPYLENE GLYCOL）、香料（PARFUM）。

6 クリスチャン ディオールの目もと用美容液 カプチュール エッセンシャル ユー（15mℓ、7000円）

宣伝文句にだまされてはいけない

美容液は、水溶性の高分子化合物や保湿剤を水に混ぜて作られます。全成分表示のベルギーで買ったので、30成分が英語で表示されていました（パラベンを1種類に数えると26成分）。添付されているチラシ（日本語）は過激です。

「むくみ、クマ知らずの目元を演出する効果。つけた直後に、植物ベースの引締め成分が肌の表面に非常に薄いネットを形成します。肌はなめらかになり、目元に現れる疲れのサインを瞬時に解消します。優れたテクノロジーの効果であるリポゾームとともに導かれるタイムファイティング・ピュアミクロプロテインは肌細胞を活性化し、細胞自身がもっている若さを保つ機能を活発にします」

タイムファイティングというのは、自動的な細胞活性化作用とでも訳すのでしょうか。ディオール社に、効果のある成分を聞いてみました。

「保湿成分のヒアルロン酸が、くすみをとります。そして、小麦胚芽成分のビタミンEとペプチドと大豆抽出エキスのピュアミクロプロテインが細胞を活性化させ、ソフトフォーカス成分が小ジワを目立たなくするのです」

表示されている成分を見て、驚きました。タール色素や無機顔料が入っていて、実はファンデーションなのです。それで、小ジワを目立たなくさせているわけです。しかし、宣伝されている成分に、「細胞自身がもっている若さを保つ機能」や「小ジワ、たるみ、クマやむくみの予防」効果があるのでしょうか？

細胞の活性化効果や小ジワの予防効果は期待できない

まず、ピュアミクロプロテインというとカッコいいのでしょうが、要するに大豆から水で抽出して得られたエキスです。表示成分では、GLYCINE SOJA（SOYBEAN PROTEIN）に該当します。大豆の煮汁のようなものを肌に塗って、細胞を活性化させる働きがあると思いますか？だいたい、プロテインのよう

に分子量が大きい物質は、皮膚から吸収されません。保湿がいいところだと思います。

次に、「植物ベースの引締め成分」とは、表示成分ではツボクサエキスでしょうか。しかし、薬効を期待して使うなら、ある一定量を、他の薬草と組み合わせて飲む必要があります。塗って吸収されるのは微量も微量。引締め効果は、期待できそうもありません。

リポゾームは、レシチンを水中に分散させると、できます。でも、皮膚に塗ったリポゾームは安定性がなく、わずかしか吸収されません。レシチンの「薬剤の吸収を助ける働き」を「ミクロプロテインの活性化を助ける働き」と拡大解釈して、宣伝しているのでしょうか。

ヒアルロン酸は、哺乳動物の表皮の下にある組織に広く分布しています。皮膚のうるおい、滑らかさ、柔らかさを保ち、細菌の感染も予防します。皮膚の老化はヒアルロン酸が少なくなっているからというわけで、さまざまな化粧品に使われるようになりました。

いまのところ、毒性はないようです。しかし、塗っても、ほとんど皮膚からは吸収されないと思います。くすみをとったり、シワを少なくするなどの効果があるとは、考えられません。保湿効果がせいぜいでしょう。

小麦胚芽成分のビタミンEは、酢酸トコフェロールのこと。確かに小麦の胚芽に含まれ、酸化防止剤としての効果はあります。でも、細胞を活性化させるでしょうか？

ソフトフォーカス成分とは、ファンデーションの成分である無機顔料のマイカ、酸化チタン、無水ケイ酸による、おしろい効果。日本語パンフレットに書かれているパールパウダーとは酸化チタンのことで、別に真珠の粉を使っているわけではありません。

そのほか安全性に問題がある成分は、次のとおりです。タール色素の青色1号（発ガン性、アレルギー作用）、パラベン（環境ホルモン作用）、プロピレングリコールと香料（アレルギー作用）。

使い方を電話で問い合わせたところ、夜も使うように指示されました。しかし、夜まで化粧の必要はないし、ゆっくり肌を休めたほうがいいに決まっています。しかも、小ジワ、たるみ、クマやむくみの予防にはなりません。買ってはいけません。

7 コーセーの美容液
ルティーナ ニュートリパワー
(120㎖、2800円)

成分をよく見たらポカリスエットの美容液版

「くすみをとる」美容液です。20歳前後の若い人のピカピカの肌に比べると、疲れがよどんで冴えない色のわが肌に、効果はあるでしょうか。

美容液は、ほぼ70％が水です。そして、粘性がある高分子化合物、油分、保湿剤、界面活性剤などが配合されています。この**コーセー**の**美容液**は全成分表示で、なんと全部で30種類（パラベンは1種に数える）。

このうち指定成分は、酢酸トコフェロール、エデト酸2ナトリウム、パラベンの3成分です。また、ジプロピレングリコール（表記はDPG）は強い皮膚刺激があるプロピレングリコールの一種で、同じような特性をもった物質です。しかし、指定成分にはなっていません。

30種類の成分には、塩化カルシウム、塩化カリウム、塩化マグネシウム、塩化ナトリウム、水酸化ナトリウムなど、普通は化粧品に使われない成分が目につきます。「いったい何のために？」としばし考え込みましたが、商品のパンフレットを読んで納得。

「等浸透圧技術を応用した、肌にスムースになじむ美容液。乾燥や皮脂によるくすみ、ごわつきなどを感じる夏の肌にもみるみる浸透、いきいきした元気なコンディションをつくります」

なるほど、等浸透圧技術とはね。なんのことはない、要するにスポーツ飲料・ポカリスエットの美容液版なのです。かっこよく言えば、こうなります。

「スポーツドリンクなどでもおなじみの等浸透圧テクノロジー、アイソニックソリューションを採用」

アイソニックソリューションとは、等張溶液、つまり生理食塩液やリンゲル液などのこと。血液や涙など体液と同じ浸透圧をもつ液で、新陳代謝の維持に重要です。パンフレットは、さらに続きます。

「汗をかいて体内からミネラルやビタミンが失われると、夏バテ症状が起こります。肌も同じ。必要不可欠な要素であるビタミン、ミネラ

DATA

〈表示成分〉 水、DPG、変性アルコール、BG、アスコルビン酸硫酸2Na、アセチルアスパラギン酸ジエチル、アセチルグルタミン酸、アデノシン三リン酸2Na、グルコース、グルコシルルチン、パンテノール、ヒアルロン酸Na、ピリドキシンHCl、加水分解シロバナル-ピンタンパク、酢酸トコフェロール、(アクリル酸／アクリル酸アルキル（C10-30))、コポリマー、(ジメチコン／ビニルジメチコン) クロスポリマー、エデト酸二ナトリウム、シクロメチコン、ポリオキシエチレンアルキル（12-16）エーテルリン酸、メントール、リン酸Na、塩化カルシウム、塩化カリウム、塩化マグネシウム、塩化ナトリウム、水酸化ナトリウム、水添レシチン、パラオキシ安息香酸エチル、パラオキシ安息香酸ブチル、パラオキシ安息香酸プロピル、パラオキシ安息香酸メチル、香料。

ル、アミノ酸、ATP（細胞のエネルギー源）などが足りなくなることで、くすみ、ごわつき、部分的なベタつきやザラつきが起きやすくなるのです。食事や睡眠で英気を養うのはもちろん、スキンケアアイテムの選び方も、このあたりに頭をおいてみてはいかがでしょう」

「ポカリスエット」の原材料は、糖類、酸味料、塩化ナトリウム、塩化カリウム、乳酸カルシウム、アミノ酸、塩化マグネシウム、甘味料、酸化防止剤（ビタミンC）。甘味料を除けば、同じ成分が配合されているのです（たとえば、アセチルアスパラギン酸ジエチルはアミノ酸、アスコルビン酸硫酸2ナトリウムはビタミンC）。

では、安全性に問題がある成分を見てみましょう。

30種類もの化学物質で肌への負担が大きい

ジプロピレングリコールは粘性があり、つきや伸びをよくし、皮膚に粘っこさを残さずに、やわらげます。しかし、吸収されたプロピレングリコールは肝臓のグリコーゲンを増加させて代謝に影響があるほか、代謝や排泄が遅く体内に残留しやすいのです。発ガン性も指摘されています。

アレルギーを起こしやすいのは、ジプロピレングリコール、エデト酸2ナトリウム、パラベン、香料です。また、強アルカリ性の水酸化ナトリウムは、肌や目に危険です。

この商品でアレルギーが起きず、若くない人にとっては、個々の成分はまずまずの安全性ではないかと思います。ただし、こんなに多種類の化学物質を日常的に肌に塗るとなると、肌への負担はさぞかしきついでしょう。

しかも、この美容液の等張効果が「夏ばて肌にクイックチャージ。元気と透明感を呼ぶ」「くすみをとる」とは、どうしても思えません。

実際に使ってみましたが、香料がきつくて、私には合いませんでした。ミクロメチコンなど油性原料であるシリコーン油が使われているのに「べたつかないオイルフリー」などとした宣伝も、変ですね。

私は、お金を出して、「ポカリスエット」を肌に塗る気にはなれません。

カネボウ化粧品のパック

8 ルシオル ファンゴッソ マスク（150g、3500円）

洗い流すタイプのパック——安全性に問題ある成分が5種

肌の「にごり対策」「角質クリア」などというキャッチフレーズに弱いのは、お肌のシミ・シワ・たるみに、日々ため息をついているせいでしょうか。「肌のくすみ」といえば、寝不足や疲れで冴えない肌色のことですが、私の場合はシミ・シワがいっぱいな「にごり」です。

夫や子どもから、「ずいぶん歳とったね」と言われる言葉が、一番きつい！　「シワやシミをとりたい」潜在意識があったのでしょうか。つい手が出て、買ってきました。「にごり対策」の洗い流すタイプのパックで、全成分表示されています。

パックは昔からある美容法のひとつ。肌に塗った物質で閉塞状態をつくり、水分をパック成分の水分・保湿剤などと、肌から出る水分とで補給し、柔らかにします。同時に、パックの吸着作用と、はがすときの物理的な力で、皮膚表面の汚れなどを取り去るのです。さらに、皮膜剤を皮膚にのせて乾燥させるまで待つようなタイプのパックは、皮膚の温度を高め、血行をよくします。

多種多様なパックが市販されており、いずれも適度な厚さに塗り、一定時間そのまま置き、はぎ取ったり洗い流すのです。はぎ取るタイプは肌への刺激が強いので週に1〜2回、洗い流すタイプは週に2〜3回が、効果的な使用回数とされています。流行のエステティックサロンでは、重要な商品です。

この**カネボウ化粧品のマスク**は洗い流すタイプなので、はがすときの物理的な刺激が弱く、それだけ肌にはやさしいでしょう。

表示されている成分は21種類（全成分表示）。粘土鉱物を含んだ粉末を水や保湿剤で混合して、作られています。このうち指定成分はPEG（ポリエチレングリコール）、エデト酸塩、パラベン、香料の4種。いずれも、安全性に問題があります。

ポリエチレングリコール＝アレルギーと発ガン性。

パラベン＝環境ホルモンの疑い。

DATA

〈表示成分〉

水、グリセリン、PEG-400、ミリストイルグルタミン酸カリウム、PEG-20、カオリン、タルク、酸化チタン、ホエイ、メバロノラクトン、メチルセリン、セージエキス、含硫ケイ酸、アルミニウム、乳酸、クエン酸、クエン酸カリウム、1,3-ブチレングリコール、フェノキシエタノール、エデト酸塩、パラベン、香料。

エデト酸塩＝アレルギー、皮膚、粘膜、目への刺激作用。

香料＝アレルギーを起こしやすい。

また、乳酸は、腐食性の毒物です。「ミルクに混ぜて飲ませた未熟児の中毒死における所見によれば、急性出血性ならびに壊疽性胃炎（胃の粘膜の腐食）、小腸結腸炎および腎炎が観察されてい」ます（日本公定書協会編『化粧品原料基準』薬事日報社、84年）。正常な皮膚は抵抗力があるので、濃度が薄ければ問題ないとは思いますが、傷や炎症がある皮膚は腐食されやすいので、注意してください。

ピーリングと変わらない、効果も疑問

このパックは洗顔後、水気を拭き取ってから使います。使用量は「マスカット大2粒分（約7g）」。「目のまわりや眉 髪の生え際 唇を避けてのばしてください」と書かれています。まず、素肌が隠れる厚さに伸ばして、そのまま3〜5分放置。その後、水かぬるま湯で十分にすすぎ、化粧水などのお手入れで完了です。

しかし、水やぬるま湯のすすぎだけで落とせるでしょうか。私の場合は完全には落とせず、ヌルヌルした感じで、洗顔したくなりました。パックを使用後は、石けん洗顔をするくらいがちょうどいいのではないかと思います。

さて、このパックは「にごり対策」「角質クリア」に効果があるでしょうか。美白成分は入っていませんから、ピーリングに使われる角質溶解作用のある乳酸だけです。

ピーリング（58ページ参照）は、乳酸などのもつ皮膚への腐食作用を利用して皮膚をやけど状態にし、シミやシワをとるものです。皮膚にできたケロイドはツルツルですからね。

何％乳酸が配合されているかは、わかりません。きちんと％を表示する必要があります。濃度によっては敏感肌の人は使えないし、炎症や傷がある人は危険だからです。逆にほんの気休め程度に配合されているなら、3500円は高すぎます。

「角質クリア」などといい気になっていたら、ピーリングをさせられていたなんて、だまされたような気分。こんなわけのわからないものにお金を出してしまったかと思うと、がっかりです。

9 花王のウエットティッシュ
ビオレさらさらパウダーシート2（携帯用、10枚（51㎖）、250円）

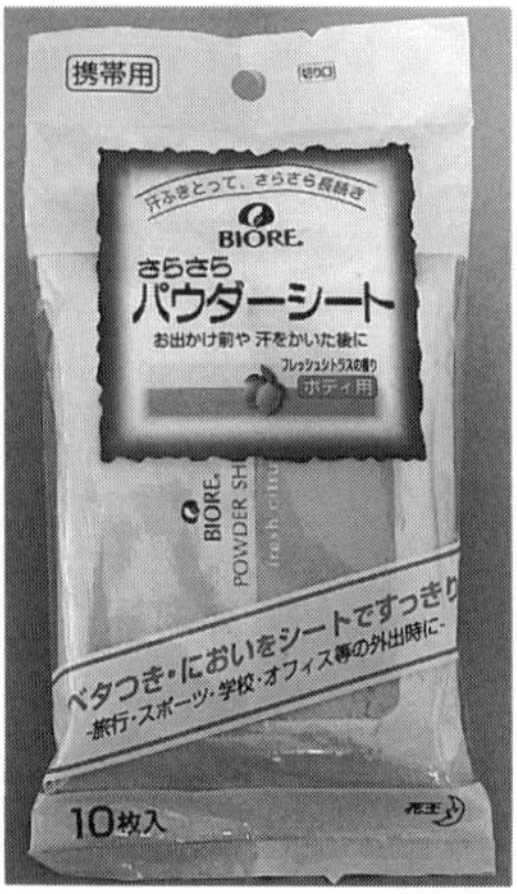

DATA

〈指定成分〉

ポリエチレングリコール、イソプロピルメチルフェノール、ジブチルヒドロキシトルエン、パラベン、香料。

「ベタつき、においをシートですっきり」させるためのウエットティッシュは、よく使われています。なかでも、こうしたシートが流行のようです。

一枚ずつ取り出して汗を拭き取るだけでなく、「出かける前に使うと汗をかいても服がベタッと張りつかない」という便利さです。「わきの下・腕・首・胸元・背中・脚など全身にお使いいただけます」とも書かれていました。

使ってみると、なるほどパウダーが肌について、サラサラ感が長時間続きました。さすがに「持続性さらさらパウダー」です。

なお、このティッシュは〈化粧水〉と表示されています。ティッシュに化粧水をしみこませてあるからです（同じように、クレンジング成分がしみこませてあるものは〈洗顔料〉です）。

発ガン性物質を含んだシートより普通のタオルを

指定成分は、5種類です。

保湿剤のポリエチレングリコールには、発ガン性、発ガン促進、アレルギーを起こしやすい作用があります。

殺菌防腐剤のイソプロピルメチルフェノールは強い腐食作用があり、微生物の細胞のタンパクを変性させて菌を殺します。しかし、皮膚への強い刺激があり、皮膚から吸収されて、湿疹や吹出物などができやすいという報告がある物質です。しかも、皮膚から吸収される場合には、直接循環器に入るため毒性が強いといわれ、発ガン性、環境ホルモン作用、アレルギーを起こす作用も指摘されています。

酸化防止剤のジブチルヒドロキシトルエンは、55・80ページを参照してください。

殺菌防腐剤のパラベンは環境ホルモン作用が疑われ、香料は、アレルギーを起こしやすい物質です。

私ならこのシートは、買うどころか、もらっても使いません。ベタつきや臭いが気になったら、シャワーを浴びるか、水で濡らしたタオルで拭きましょう。

10 ファンケルなど 無添加化粧品

「無添加」化粧品にも、化学物質が使われています。これは化粧品業界では当たり前のことで、知らぬは消費者ばかりです。ハーブなど自然素材で作ったものほど、色や匂いを変えずに、保存料なしで長い間はもたせられません。

指定成分以外は表示義務がない

無添加化粧品は「指定成分が無添加」だけのこと。化粧品に使用が許可されている物質は、なんと2730成分。そのうち表示が義務づけられている指定成分は、たったの102です（2000年9月現在）。

たとえばフタル酸エステル類は、環境ホルモン物質であり、発ガン性のデータもありますが、指定成分ではありません。使われていても、表示しなくていいのです。この102の成分を使っていないだけで、「無添加」をウリにするメーカーは、うさんくさくて、信頼できません。

しかも、一部とはいえ、指定成分も使われています。たとえば**ファンケル**の**クレヴァンス アクアヴェールファンデーション**には環境ホルモン作用が報告されているパラベンが、**オーブリーオーガニクス**（アメリカ製）の**化粧水**（20ページ参照）には、殺菌防腐剤の安息香酸が使われています。

化粧品の殺菌防腐剤をどう考えるかは、私にもむずかしい問題です。まず、より安全な殺菌防腐剤を使うべきだと考えます。また、ファンケルのように、少量の容器にして保存期間を短縮する試みも必要性が増してきているでしょう。ただし、これにも「使い捨て容器を増やしている」という指摘があります。

大切なのは、「無添加だから安心」との思い込みを捨て、使っている化粧品のありのままの姿を知ることです。全成分表示かどうかをチェックし、自分の肌を信頼して、肌と相談しながら使ってください。

そうすれば、メーカー側も、化粧品の安定性ばかりでなく、私たちの数十年後の肌の安全にまで気を遣うようになってくれるのではないかと期待しているのですが……。

11

ピエール ファーブル ジャポンなど
温泉水などを含む化粧水

水にこだわった化粧品のブーム

化粧品売場に、水関連の化粧品コーナーがあるほどで、特別な水にこだわった化粧品や治療法がブームのようです。いくつか、のぞいてみましょう。

①ピエール ファーブル ジャポンの**化粧水アベンヌウオーター**（150g、2000円）

南フランスのアベンヌ村の温泉水というのがウリです。「アベンヌ温泉水の源泉から直接つながれたアベンヌ工場の無菌室で、ボトリングしています」とあり、無香料、無着色、ノンアルコール、オイルフリー、防腐剤無添加、パッチテスト済み、アレルギー・ノンコメドジェニックテスト済みと表示されていました。

ピエール ファーブル ジャポンの
アベンヌウォーター

「ケイ酸塩、カルシウム、マグネシウムなどのミネラル成分をバランスよく含み、pHは中性に近い7・5。無色、透明、無臭の温泉水がそのまま入っている」と書かれ、表示されている成分はありません。しかし、ただの温泉水を詰めただけなのに、なぜこんなに高いのか不思議です。

アベンヌのシリーズには、温泉水配合のリキッドファンデーションやパウダリーファンデーションもあります。

②シュウ ウエムラの**シシカウオーターN**（50g、650円）

「20種類のミネラルイオンを含む低刺激ミネラルウオーターの化粧水」で、無香料、無着色。指定成分はパラベンです。

③シュウ ウエムラの**ディプシーウォーターローズ**（150mℓ、2000円）

深層水という名前の水が使われています。深層水は、太陽の光が届かない深海を流れるクリーンな水のことで、長い年月をかけて豊富なミネラルが蓄積されているそうです。しかし、パラベンと香料が使われていました。

④ナリス化粧品の**角質クリア水**（220mℓ、1000円）

無香料、無着色と表示されています。しかし、パラベンに加えて、アレルギーを起こす殺菌防腐剤のグルコン酸クロルヘキシジンが含まれています。

⑤エビアンの**化粧水スキンローションE**（120㎖、1500円）

指定成分は、パラベンと、代表的アレルゲンで皮膚への強い刺激があるエデト酸塩です。

⑥資生堂の**肌水**（240㎖、650円）

「素肌のためのミネラルウォーター」だそうで、無着色・無香料と表示されています。指定成分はパラベンです。

通常の化粧水は、ほぼ8割は精製水が使われています。ここで紹介した水がウリの化粧品は、その精製水を温泉水やミネラルウォーターにしただけです。以前、化粧品の分析の仕事をする知人に、「安全をいうなら、水を塗ってれば間違いない。究極の安全化粧水は水だよ」と大笑いされました。

そのとき、「水」を「化粧品」として売る日がくるとは、彼も予想していなかったと思います。それだけ消費者の肌が過敏になり、弱ってきているのでしょう。過敏になり、弱ってきている肌に、なお何か塗りたい女心にも泣かされます。

私なら、過敏になり、弱っている肌には、何も使いません。

温泉入浴や水治療の効果は薄い

肌にトラブルがあるときには、ワラをもつかむ気持ちで、こうした「よさそうな化粧品」に治る効果も期待しがちです。果たして、効くのでしょうか。

アトピー性皮膚炎で通院した191人に聞いた、こんな調査があります（98年8・9月に、竹原和彦・金沢大学医学部教授が調査）。患者の8割は健康食品、温泉入浴、化粧品などの特殊療法を経験し、その内訳は健康食品52％、温泉入浴48％、化粧品43％、水治療24％の順でした（複数回答）。

しかし、症状が改善したのはわずか1割。精神的・金銭的に何らかの被害を受けたと感じている人は47％、症状が悪化した人は32％にのぼったというのです。弱っている肌には何も使わないのが一番いいと思います。

だいたい、たかが水に2000円も払いたくありません。

12 ピエール ファーブル ジャポン、日本RoC
子ども用サンスクリーン剤

普通の赤ちゃんの紫外線対策は日傘、帽子、長袖で

紫外線で皮膚ガンが増えていることは、疫学データで指摘されています。野村大成・大阪大学医学部教授らの実験（真夏の昼ごろ大阪地方の海辺で1時間寝そべっているときに浴びる量を約2年間、毎日マウスの背中に移植した人間の皮膚へ照射）でも、確認されました（アメリカがん学会誌『キャンサー・リサーチ』97年6月号）。「日光浴は自殺行為」と明言する皮膚科医は、子どもにサンスクリーン剤をすすめています。

それを反映してか、赤ちゃんや敏感肌の人でも使えるという商品が店頭に並んでいます（表8参照）。では、サンスクリーン剤は何歳から使えるのでしょうか。

「1歳未満のデータはない。2～3歳から使ってほしい」（ピエール ファーブル ジャポン）、「6カ月以降」（和光堂）、「4カ月以降」（ピジョン）など、バラバラの回答でした。しかし、文献では、**ピエール ファーブル ジャポン**のアベンヌサンブロックEX50についての2歳と5歳への使用テストしか見当たりません。1歳以下の赤ちゃんでのテストは行われていないとみてよさそうです。

危険性が高い紫外線吸収剤を使っていないにしても、長時間の塗布、それを石けんで落とす刺激などを考えると、赤ちゃんには日傘、帽子、長袖で対処したほうがよいと思います。

ただし、紫外線で皮膚ガンになりやすい傾向には、個人差があります。日光に敏感に反応し、皮膚の角質層が厚くなる日光角化症、日光過敏症、日光で皮膚が赤くなる子どもは、サンスクリーン剤を使ったほうがよいでしょう。

そのときは、**アベンヌサンブロックEX50、日本RoCのRoCサンプロテクションクリーム以外**を選びましょう。前者には環境ホルモン作用、発ガン性、皮膚への強い刺激が指摘されているイソプロピルメチルフェノール、後者には発ガン性が指摘されているジブチルヒドロキシトルエンが使われているからです。

また、サンスクリーン剤は

表8　赤ちゃん敏感肌用のサンスクリーン剤

メーカー名	商品名	分量・価格	SPF値	指定成分	落とし方	何歳から使えるか
アクセーヌ	ミルキィー サンシールド	35mℓ 2500円	32	パラベン	クレンジング剤	医者の指示のもとに
キスミー	サンキラー キッズマイルド	30g 700円	33	なし	石けん	乳児でもよい
ニベア 花王	UVサンブロックキンダーT	45g 850円	30	パラベン、酢酸トコフェロール	通常の洗い方	パッチテストをすれば乳児でもよい
日本RoC	RoCサンプロテクションクリーム	40g 3000円	44	パラベン、エデト酸塩、ジブチルヒドロキシトルエン	クレンジング剤を使ったあとで石けん	1ヵ月くらい
ノブ	UVシールド	30g 2500円	35	なし	ぬるま湯で石けん	乳児でもよい
ピエールファーブルジャポン	アベンヌサンブロックEX50	55g 3300円	50	パラベン、エデト酸塩、イソプロピルメチルフェノール、酢酸トコフェロール	石けん	2～3歳
ピジョン	UVベビークリームウォータープルーフ	40g 800円	20	パラベン	石けん	4ヵ月以降
和光堂	サンカット ベビー&ファミリー	40mℓ 880円	31	なし	石けん	6ヵ月以降

落ちやすさも大切です。石けんで簡単に落とせるかどうかも、確かめてください。

おとなら使ってもよい

なお、おとながサンスクリーン剤を使う場合は、イソプロピルメチルフェノールとジブチルヒドロキシトルエンが使われていない、敏感肌の赤ちゃん用を選ぶとよいでしょう。オキシベンゾンが含まれていないからです。

13 タカラの子ども用化粧品
ピンキッシュ ジェンヌ

DATA
〈指定成分〉
赤色106号、パラベン（マニキュア）　赤色202号・204号・226号（口紅）　赤色226号、パラベン（フェイスパウダー）。

タカラの**ピンキッシュ ジェンヌ**（３９８０円）は、マニキュア、口紅、フェイスパウダーなどの化粧品セット。「6歳以上の子ども用」です。

おもちゃ屋に行くと、ほかにも**バンダイ**の**すてきにへんしんパクト**、**サンリオ**の**メイクアップポシェット**など、化粧品はおもちゃの主流派のひとつでした。

環境ホルモンやアレルギーの危険がある物質を含む

ところが、環境ホルモン作用が指摘されているパラベンや、アレルギーを起こすタール色素などが使われています。たとえば、このピンキッシュ ジェンヌの指定成分は、次のとおりです。

①マニキュア
赤色１０６号、パラベン。
②口紅
赤色２０２号、赤色２０４号、赤色２２６号。
③フェイスパウダー
赤色２２６号、パラベン。

「冗談じゃない」と、怒りに近い気持ちになりました。

環境ホルモンは、子どもへの影響が非常に心配されているからです。さらに、こんな指摘もあります。

「実験動物にパラベンを皮下注射すると、悪影響がある」（イギリスの新聞『インディペンデント』98年10月11日）

「子宮内の胎児がオスの場合、正常な発達を妨げられ、後に不妊の問題を引き起こす」（環境ホルモンの研究者ジョン・サンプター教授）

パラベンの環境ホルモン作用が指摘されたのは、最近のことです。また、実験動物で起きたことが、そのまま人間でも起きるとは限りません。

でも、私は、安全だと確かめられるまで、パラベン入りの化粧品には手を出さないことに決めました。まして、子ども用の化粧品に使ってはいけません。

同時に、「子どもに化粧品のおもちゃはいらない」と、声を大にして叫びたい思いです。

14
ライオンの制汗デオドラント
バン パウダースプレー（150g、598円）

DATA

〈指定成分〉

イソプロピルメチルフェノール、ミリスチン酸イソプロピル、ジブチルヒドロキシトルエン、香料。

化学物質のほうが汗の臭いよりずっと問題です

汗の臭いや体臭が過剰に気になり、嫌われる時代のようです。腋の下の汗が臭うワキがは、汗と皮脂が混ざり、皮膚の細菌によって分解されるためとされています。

制汗剤には、この菌を殺す殺菌剤や、臭いを消す消臭剤（デオドラント）も入れられています。配合されている成分は、次のとおりです。

①制汗剤＝クロルヒドロキシアルミニウムや塩化アルミニウムなど。

②殺菌剤＝イソプロピルメチルフェノールや塩化ベンザルコニウムなど。

③消臭剤＝酸化亜鉛など。

他社の製品と差別化をはかりたいメーカーは、指定成分でなくても、強調したい成分を容器に表示します。「この商品には、汗のニオイを消す、消臭パウダー（マグネシア複合化シリカ）」「汗吸収サラサラパウダー（高多孔質シリカ）配合」と書かれていました。これらは粘土鉱物で、皮膚からは吸収されません。

表示されている指定成分は、4種類です。

48ページで説明したイソプロピルメチルフェノールには殺菌防腐効果のほか、抗酸化性や紫外線吸収性もあるため、クリーム、口紅、整髪料などにも配合されています。しかし、天然ではまったく存在しません。環境ホルモン作用が疑われるほか、発ガン性やアレルギーを起こすとも指摘されてきました。

一方、酸化防止剤のジブチルヒドロキシトルエンは、発ガン性と変異原性があり、皮膚炎やアレルギーを起こします（80ページ参照）。

香料も、アレルギーを起こしやすいものです（油分のミリスチン酸イソプロピルは、毒性はないようです）。

発ガン性、環境ホルモン作用、アレルギーと、問題だらけです。とくに、若い人は使ってはいけません。

15 ワーナー・ランバートの男性用シェービングフォーム
シック® 薬用シェーブガード(L)(医薬部外品200g)

DATA

〈指定成分〉

イソプロピルメチルフェノール、トリエタノールアミン、ベンジルアルコール、ポリオキシエチレンラノリン、香料。

「敏感肌用」なのに危ない物質ばかり使用

カミソリ負けを防ぐために、シェービングフォーム剤を使う人が多いようです。フォーム剤は引火性が高いので、火の気や高温に注意が必要になります。

この商品の容器には、「敏感肌用」と目立って大きく書かれています。指定成分は5種類です。

①殺菌防腐剤のイソプロピルメチルフェノール

48ページなどで述べたように、環境ホルモン作用、アレルギー症状、発ガン性が報告されています。

②中和剤のトリエタノールアミン

ハム・ソーセージなどの発色剤や防腐剤に使われる亜硝酸塩と反応し、発ガン性のニトロソ化合物をつくるほか、アレルギー、皮膚刺激作用がある物質です。

③油分のベンジルアルコール

花の精油成分に存在し、芳香性や殺菌作用があります。現在は、塩化ベンジルからの合成品です。インキやラッカーなどの溶剤としても使われ、アレルギーを起こしやすく、皮膚や粘膜への刺激があります。マヒ作用があることから、医薬品として、歯痛の鎮痛剤や注射液の痛みの緩和などに使われるほどです。「モルモットの皮膚に塗ると赤くなり、1kgあたり5mℓ以上の量の場合は死に至る」という報告があります。

④乳化剤のポリオキシエチレンラノリン

非イオン界面活性剤。アレルギー性と皮膚刺激性がありますが、毒性は弱いようです。

⑤香料

アレルギー性があります。

私は、このシェービングフォーム剤は使わせません。たとえ洗い流すものとはいえ、発ガン性と環境ホルモン作用が疑われる物質、アレルギーが報告されている物質をたくさん使っているからです。それで、「敏感肌用」とは、あきれるばかりです。

16 P&Gヘルスケアや中外製薬のニキビ用クリーム クレアラシル、ペア アクネクリーム

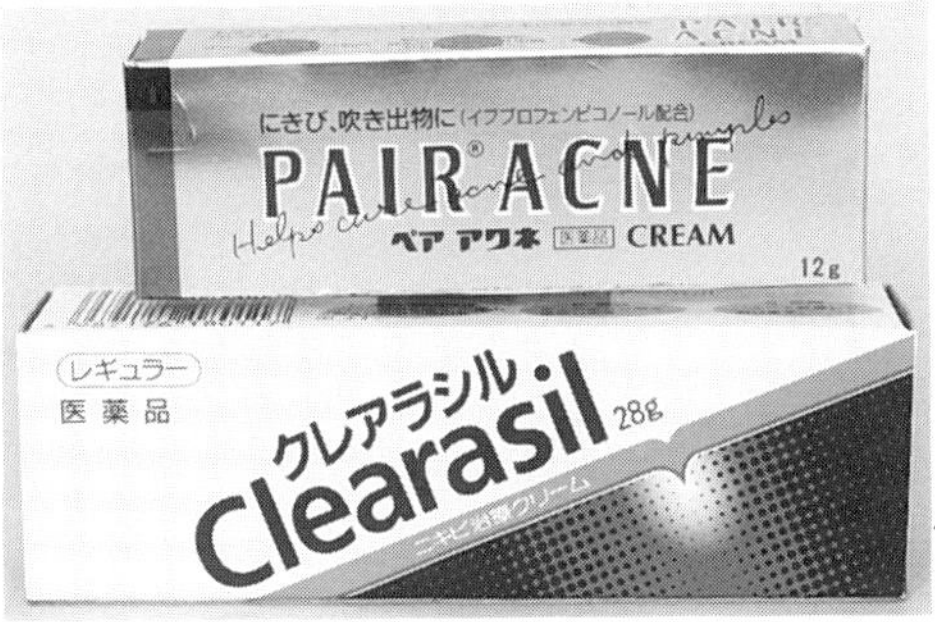

ペア アクネクリーム（上）とクレアラシル（下）

発ガン性が疑われる物質を含んでいる

クレアラシル（医薬品）の有効成分は、イオウ3%、レゾルシン2%。そのほか含まれている添加物（指定成分）は、メチルパラベン・プロピルパラベン（殺菌防腐剤）、ミリスチン酸イソプロピル（油性原料）、香料などです。

イオウは角質を柔らかくし殺菌作用もありますが、アレルギーや皮膚炎などの副作用が報告されています。

強い殺菌・消毒作用やかゆみを止める作用があるレゾルシンは、発ガン性が疑われています。その他の副作用は、アレルギー、長いあいだ使い続けた場合に皮膚から吸収されて起きる胃腸や腎臓の障害などです。

メチルパラベン・プロピルパラベンは、環境ホルモンの可能性があります。

ペア アクネクリーム（医薬品）の有効成分は、イブプロフェンピコノール。そのほか含まれている添加物（指定成分）は、イソプロピルメチルフェノール（殺菌防腐剤）、ジイソプロパノールアミン（中和剤）、セトステアリルアルコール（油性原料）、香料です。

イブプロフェンピコノールは鎮痛・消炎剤として湿疹やアトピーなどの症状に有効とされていますが、アレルギー、刺激感、突っ張り感、かゆみ、発疹などの副作用があります。

ジイソプロパノールアミンは発ガン性が疑われ、皮膚や粘膜を刺激します。

すでに述べたように、発ガン性、アレルギー作用があり、環境ホルモン作用が疑われるイソプロピルメチルフェノールは、**ナリス化粧品**の**アクメディカ薬用スポッツジェル**や**花王**の**ビブレ薬用アクネローション**などにも使われています。この二つは、医薬部外品です。

私は子どものニキビ対策に、こうしたクリーム類を安易に使わせません。穀物と野菜中心の食生活や毎日の石けん洗顔が大切。塩によるマッサージも効果的です。あまりにひどい状態であれば、医師の診察を受けたうえで、出された薬を使いましょう。

17
ケミカルピーリング

「ケミカルピーリングによるシワ取りを30代から行うと、若さが保たれる」と宣伝されています。ケミカルピーリングは、酸の化学作用で肌の角質を溶かし、シミ・シワ・ニキビを取る美容法。アメリカで盛んです。日本では90年代後半に広がり、全国の医療機関やエステティックサロンなどで行われるようになっています。

そもそもは、角質溶解や腐食作用のある薬品をガラス綿棒で塗り、マメやイボなどを取り除く方法でした。その応用版で、薬品で皮膚に人為的にやけどをつくり、治癒過程で新たな細胞分裂を促して、スベスベした張りのある肌をつくろうというわけです。

イメージとは大違い 危険がいっぱい

現在使われている薬品は、アルファヒドロキシ酸（AHA）やトリクロール酢酸（TCA）、乳酸など。AHAを使う方法をフルーツピーリングと呼ぶようです。これは、AHAが未熟なブドウやリンゴなどに含まれ、フルーツ酸と呼ばれていたためでしょう。しかし、フルーツピーリングの名称は、薬品の腐食による皮膚治療という現実を隠す商売の手法と思えます。

薬学生だったころ、実習でTCAを合成した経験があります。そのとき、素手で触った数人の同級生が、骨にまで及ぶやけどで重傷を負いました。ピーリングは、薬品による角質の溶解です。表皮が破壊されるだけでなく、深部にまで壊死が及ぶ危険性があることを知っておきましょう。

日本人の皮膚は白人より再生力が弱く、アレルギー、肌の著しい乾燥、強い色素沈着、傷あとなどの副作用が報告されています。国民生活センターへの相談件数は89年以降で１００件。そのうち、「真っ赤にはれ上がり、翌日水ぶくれ」「唇が裂けて、あごのまわりや顔面がボコボコになる」「顔がやけど状態」「シミが濃くなった」などの被害は53件、医師の治療を受けたケースが28件ありました。

また、シミ・シワ・ニキビなどのすべての症例に効果があるわけではありません。

18 シワ取り手術・療法

DATA

〈参考文献〉

『日本美容外科学会会報』18巻(96年)～20巻(98年)。
塩屋信幸『美容外科の真実』講談社、2000年。

歳なのにシワひとつない女優さんが、テレビや化粧品のコマーシャルに登場するので、シワやたるみを取る特殊な化粧品を使っているのではと思う人が多いようです。

「高価なクリームを使っても効果がない。いつまでも若々しい素肌でいるために効果的な化粧品を紹介してください」とよく聞かれます。

実は、「シワひとつない」肌は、化粧品ではなく手術によるものです。アメリカが本場で、日本でも盛んです。どんな手術なのでしょうか。

①ある範囲の皮膚をはがす。

②はがした皮膚の先に細い管を挿入し、より広くトンネル状の穴をたくさん開けながら、脂肪組織を吸引する。

③顔の筋膜をはがして吊り上げ、耳の前で余分な組織を切り取り、その組織を耳の後ろに引き上げて縫う。

頬やあご、首のたるみまで引き締められます。縫ったあとは、ほとんど残りません。

また、手術をしない、脂肪注入という方法もあります。腹部、大腿や上腕の内側などから注射器で脂肪を採取し、ごく少量ずつ、頬、目の下、口のまわり、こめかみなどに注入して、シワを伸ばし、たるみを解消するのです。

副作用のほうがシワより怖い

しかし、次のような副作用があります。①耳のところがつれた感じになる。②顔の下のほうはシワが取れても、中央は取れないので、バランスが悪い。③手術直後はよいが、すぐに元の状態に戻る。④知覚神経が損傷されるため、知覚が鈍くなる。⑤脱毛やハゲが起きる。

脂肪注入療法は、注入された脂肪が落ち着いて留まる率が顔の場合40～50％。したがって、半年ごとに3回、その後は1年に1回ずつ脂肪を追加せざるをえないそうです（8年間で700例を実施した市田正成氏による）。

鼻などへのパラフィンによる注入療法は、日に当たると溶けて形が崩れるなど、悲惨な例がよく知られています。さらに、シリコンを鼻や胸に入れる方法は、アメリカでアレルギーや膠原病を引き起こしたと裁判にまでなり、製造も輸入も禁止されました。

19

花王のシャンプー・リンス
メリットシャンプー・リンス

魚に奇形を起こす
ジンクピリチオン入り

容器に、こう書かれています。

「ミクロ-Zpt（ジンクピリチオン）が、地肌のすみずみまで、効果的に働いて、フケ・かゆみを出る前に防ぎ、健康な地肌に保ちます」

このジンクピリチオンは、大幅に薄めたシャンプー溶液で、稚魚に奇形を起こすことが公表されています。にもかかわらず、いまだに堂々と売られているのです。

国立環境研究所の五箇公一研究員による実験結果は、98年12月に京都で開かれた日本内分泌攪乱化学物質学会で発表されました。

淡水に生息するゼブラフィッシュの卵を10万倍に薄めたシャンプー溶液に入れ、孵化の過程を観察したところ、すべての稚魚の背骨がらせん状に曲がったというものです。

さらに、100万倍に薄めたシャンプー溶液でも、半分の稚魚の背骨が曲がり、メダカでも同じ結果。ミジンコやクロレラにもダメージを与えました。

ジンクピリチオンの原液を1ℓあたり0・03㎎以上入れた水溶液でも、すべての稚魚に奇形が生じています。原因は、ジンクピリチオン以外には考えられません。

ジンクピリチオンは、有機亜鉛化合物です。シャンプー以外にも、有機スズ化合物の代替品として船底の塗料に使われています。以前から、ラットに与えると生殖異常を引き起こすことが知られていました。しかし、水生生物については、水中では光反応などの分解反応が進みやすく、悪影響を与える可能性は低いと考えられていたのです。

この実験で、ジンクピリチオンが河川に流れた場合の影響がはっきりしたといえるでしょう。にもかかわらず、まったく考慮せず製造を続けるメーカーの姿勢は、不愉快というしかありません。

ジンクピリチオンはシャンプーに殺菌剤として配合され、「化粧品種別許可基準」によって上限は0・1%と定められています（表記はピリチオン亜鉛）。しかし、シャンプーからは0・8～1・4

DATA
〈指定成分〉
ポリオキシエチレンラウリルエーテル硫酸塩、安息香酸塩、青色１号、黄色４号、香料。

％、リンスからは０・２〜０・７％と、上限を上回る量が検出されているのが実情です（『東京都衛生研究所年報』97年。なお、商品名・メーカー名は公表されていない）。

また、指定成分の陰イオン界面活性剤ポリオキシエチレンラウリルエーテル硫酸塩は受精卵の死亡、殺菌防腐剤の安息香酸塩はアレルギーを起こしやすく、染色体異常の報告が、それぞれあります。そして、洗い流すものといっても、タール色素の青色1号、黄色4号で着色されたシャンプーを使う気にはなりません。

シャンプーを選ぶ、洗いすぎない……フケ対策はいろいろある

フケは、頭皮の角質層の細胞が新陳代謝によってはがれたもの。洗いすぎて頭皮が乾燥したり、アトピー性皮膚炎などによる炎症で起きるといわれています。

ただし、フケの発生と微生物の関係は、実はよくわかっていません。それでも、殺菌剤を頭部に振りかけると細菌が出す脂肪酸の生成が抑制され、かゆみや臭いを減らすことから、殺菌剤や抗菌剤が使われているのです。

フケを防ぐには、シャンプーを選ぶ、洗いすぎない、椿油などで油分を補うなどで対応できます。私もフケに悩まされた経験があります。使っていたフォーム剤が石けんシャンプーでは落とせず、フケの原因になっていたのです。石けんシャンプーで落とせるフォーム剤に替えたら、フケも解決しました。

花王の**メリットシャンプー・リンス**の全製品に、ジンクピリチオンは含まれています。また、**第一製薬**の**カロヤンヘアシャンプー**も、同様です。

20 ヘナ

リマナチュラルクリエイティブの染毛剤

同じヘナでも化学染料入り

リマナチュラルクリエイティブのヘナからは、発ガン性が疑われているパラフェニレンジアミン、発ガン性と環境ホルモン作用が疑われるパラアミノフェノールが検出されています。

日本食品分析センターへ、ダークブラウンとブラックの2種類の分析を依頼したところ、パラフェニレンジアミンが2・5％、2・2％、パラアミノフェノールは8・7％、8・6％検出されました。発ガン性や突然変異性などの問題が多い2剤式染毛剤と同じ化学染料が使われていたのです。

内部教育用資料には「天然物」「化学染料を配合していない」と書かれ、「ダークブラウンやブラックは、ヘナとインジゴ（藍）で濃い色を作っている」との説明がありました。これは、詐欺行為です。しかも、副社長は言います。

「化学染料を入れないという約束はできません。ヘナの製造はインド。政治も経済も混乱しているので、見張れないのです」

「では、せめて使っている化学染料を表示しては」

「ヘナは染毛剤ではなく、人毛かつら用の雑貨だから、薬事法は関係ない。表示はしなくてもいい」

驚いて、日本ヘアカラー工業会に問い合わせてみると、「日本では、ヘナは染毛剤としては許可されていません」との答え。確かに、ヘナは染毛剤ではなく、雑貨品としての扱いなのです。

厚生省は、染毛剤にパラフェニレンジアミンやパラアミノフェノールの表示を義務づけています。避けたい消費者は、表示を確認して選択できます。ところが、雑貨品には薬事法は適用されず、何を配合してもいいわけです。化学染料が入っていても、表示されません。表示義務がないからです。植物染料の世界が、こんなにメチャクチャとは！

ヘナで髪を染めるときは、茶や黒に染まるヘナが要注意。29ページを参照のうえ、化学染料の入っていないものを選びましょう。

21 マンダム、花王など 男性用の整髪料

どのメーカーも有害物質のオンパレード

31ページで紹介したように、男性用整髪料は有害物質だらけでした。ここでは、商品別に要注意物質をチェックしてみましょう。

マンダム　ヘアスタイリングジェルＲＮ（スーパーハード）ＳＨ（60ｇ、２５０円）

亜硝酸と反応して発ガン性物質を生成するトリエタノールアミン、発ガン性の疑いがあるポリエチレングリコール、赤色１０６号と黄色２０３号、環境ホルモン作用が疑われているパラベン、アレルギーや皮膚刺激のあるエデト酸塩、香料が入っています。色は、黄色や青も。着色料入りの整髪料なんて、気持ちが悪くないのでしょうか。

同じ**マンダム**の**ホールドジェル　スーパーハードＳ**（２３０ｇ、５００円）と**ロングキープジェル　スーパーハードＳＨ**（２２５ｇ、５５０円）にも、トリエタノールアミン、エデト酸塩、パラベン、香料が含まれています。

花王＝サクセス　泡状整髪料ｇ（１５０㎖、９５０円）は、発ガン性の疑いがあるジブチルヒドロキシトルエン、パラベン、香料など。

サクセス　クイックスタイリング（スーパーハード）スタイリングａ（２２０ｇ、７００円）は、ジブチルヒドロキシトルエン、ポリエチレングリコール、香料。

日本リーバ＝ラックス　ハードセット　フォーム（ヘアトリートメント整髪料、１５０ｇ、１０００円）

ジブチルヒドロキシトルエン、パラベン、エデト酸塩、香料に加えて、染色体異常を誘発し、催奇形性が報告されている、サリチル酸塩入り。

プレクシードの**コンポＧ２**（各種）にも、ジブチルヒドロキシトルエンやポリエチレングリコールが含まれている。

資生堂＝ウーノ　スーパーハードミストＮＢ（１５０ｇ、１３００円）は無香料・無着色だが、オキシベンゾン入り。

ウーノ　スーパーサラサラムースＮ（１５０ｇ、１０００円）は、無香料、無着色だが、プロピレングリコールとパラベン入り。

なお、女性用整髪料も要注意物質の問題は同じです。

22

花王、ツムラなどの入浴剤
エモリカ、クールバスクリンなど

一日の疲れをとるバスタイム。何らかの効果を期待して、さまざまな入浴剤を使う人が多いようです。実際には、どんな効果があるのでしょうか。

温浴効果は疑問

岡山・鳥取・島根・山口4県の消費生活センターが、入浴剤に関するアンケート調査を実施したところ（回答546名）、90％以上が使った経験があり、うち「効果を感じた」人は37％。もっとも多かった効果は「温浴効果」でした。

しかし、普通の湯と入浴剤入りの湯との比較テストの結果は、そうした効果を裏付けてはいません。湯に手を入れ、赤外線熱画像装置で表面温度を計ったところ、入浴剤が著しく温浴効果を高めたり、湯冷めを防いだりはしなかったのです（『たしかな目』99年9月号、国民生活センター）。

一方で、入浴剤メーカーの提供でアトピー性皮膚炎や皮脂欠乏性皮膚炎などの患者に対して入浴剤の効果をテストし、「かゆみ、赤み、落屑（皮膚がはがれ落ちる）の症状が改善するなど、有用であった」という報告もあります（山梨医科大学皮膚化学教室など）。メーカーがこうしたデータにこだわるのは、医者からアトピー性皮膚炎患者さんに入浴剤を推薦してもらえるからなのでしょうか。

香料や着色料が気分を演出？

各社が「アトピー性皮膚炎に効果的」と競い合う入浴剤の効能の成分は、以下のとおりです。

エーザイの**クアタイム**＝米発酵濃縮エキス、**花王**の**エモリカ**＝ユーカリエキス、**武田薬品工業**の**シャンラブ**＝ニンニクエキス、**ツムラ**の**バスクリンAP**＝植物エキス、**持田製薬**の**バスキーナ**＝植物油やスクワランなど油性保湿剤。

しかし、不思議なことにこれらの入浴剤には、アレルギーや皮膚刺激で問題が多いタール色素（青色1号など）や香料、パラベンなどが入っています。とくに、発ガン性があるジブチルヒドロキシトル

ツムラのクールバスクリン(左)と
カネボウ化粧品の旅の宿 登別(右)

エンまで含まれている**花王**の**エモリカ**は最悪でしょう。

これは、ハーブ系の**ウエラジャパン**の**クナイプバスソルト**（ラベンダーの香り）や、温泉系の**カネボウ**の**旅の宿 登別**など一般用の入浴剤にも共通です。まず、ほとんどの入浴剤が香料入り。そして、着色料入りは、**湯上がり爽快バブ**、**旅の宿 草津**、**旅の宿 登別**、**クールバスクリン**など。森の香りも、ハーブの色も、温泉らしさも、香料と着色料によるところが大きいようです。

入浴剤は、成分によって化粧品と医薬部外品があります。薬事法により宣伝できる効能効果が、化粧品は「皮膚の清浄」に限られますが、医薬部外品なら、あせも・荒れ症・打ち身・肩凝り・神経痛・冷え性・腰痛など何でもアリ。アトピー用に効果があるとされる入浴剤は、医薬部外品です。

私は、温泉みやげにもらった湯の花を入れた風呂で涙がボロボロ出て目が開けていられなくなった経験があります。化学物質だらけの入浴剤より、干したミカンの皮を入れた風呂のほうが、気持ちいいと思いませんか。

表9　入浴剤に含まれる要注意物質

	メーカー名	商品名	注意すべき指定成分
アトピー患者用	エーザイ	クアタイム	安息香酸、セトステアリルアルコール、香料
	花王	エモリカ	ミリスチン酸イソプロピル、トコフェロール、ジブチルヒドロキシトルエン、パラベン、香料
	武田薬品工業	シャンラブ	香料
	ツムラ	バスクリンAP	青色１号、青色２号、香料
	持田製薬	バスキーナ	パラベン、トコフェロール、香料
一般用	ウエラジャパン	クナイプバスソルト	黄色202(1)号、香料
	花王	湯上がり爽快バブ	青色１号、香料
	カネボウ化粧品	旅の宿 草津 旅の宿 登別	黄色202(1)号、香料 橙色205号、黄色202(1)号、香料
	ツムラ	クールバスクリン	パラベン、青色２号、緑色204号、黄色４号、香料
	ライオン	植物物語	安息香酸塩、香料
	ロート製薬	薬用入浴液	プロピレングリコール、香料、パラベン、青色１号、黄色202(1)号

23 ニュー スキン ジャパンの化粧石けん ボディ バー（115g、2500円、原産国アメリカ）

問題があるパンフレットや販売方法

ニュー スキンは、日本でも全成分を公表して販売しているメーカーです。私は好意的に見ていましたが、国民生活センターが発行する『たしかな目』に、2度にわたって「事実と反する結果を載せたニュースキンジャパンのパンフレット」に抗議する記事が載りました（97年10月号、98年12月号）。その趣旨は、次のとおりです。

「『自然・天然をイメージした化粧品』の記事を無断転載した。そのうえ、国民生活センターが実施したことのない、メダカを使ったシャンプーの毒性実験を、当センターが実施したように掲載した、ニュー スキンジャパンのパンフレットが出回っていた」

以前から、マルチ商法的な販売方法に問題があることが報道されていました。販売員は、友人や知人を勧誘して子会員にします。この子会員が孫会員をつくり、孫会員が商品を仕入れると、ボーナスという形で販売員に会社からお金が支払われるのです。大学生などが「もうかる」と勧誘されます。しかし、高額な商品を仕入れてもなかなか売れず、どうしても無理な販売につながっているようです。

合成洗剤の成分が入っている

化粧石けんボディ バーには、合成界面活性剤のヤシ油脂肪酸エチルエステルスルホン酸ナトリウム、イソステアロイル乳酸ナトリウムが入っています。つまり、合成洗剤の成分が入った石けんなのです。包装を開けただけで、強

DATA

〈表示成分〉
アラントイン（抗炎症剤）
アロエエキス（アロエ液汁の抽出物）
イソステアロイル乳酸ナトリウム（界面活性剤）
グリセリン（保湿剤）
＊香料
＊酢酸トコフェロール（酸化防止剤）
＊セタノール（油分・エモリエント剤）
デキストリン（増粘剤）
＊トリクロロカルバニリド（殺菌防腐剤）
乳酸（pH調整・殺菌・保湿作用）
乳酸ナトリウム液
＊パラベン（殺菌防腐剤）
dl-ピロリドンカルボン酸ナトリウム液（保湿剤）
＊プロピレングリコール（保湿剤）
ホホバ油（油分）
ポリアクリル酸アミド（合成高分子・毛髪保護）
水
ヤシ油脂肪酸エチルエステルスルホン酸ナトリウム（界面活性剤）
（注）＊は日本の表示指定成分。

烈な香りがします。

特徴は4つ。①硬水でも泡立つ、②中性（普通の石けんはアルカリ性）、③泡切れやさっぱり感がない、④溶け崩れしやすい。

海外へ旅行して、普通の石けんを使っても泡が出なかった経験をした人がいるのではないでしょうか。欧米のように硬水のところでは、こうした合成界面活性剤の石けんが使われています。しかし、普通の石けんで泡が出て汚れが落ちる軟水の水質の日本では、合成洗剤入りの石けんは必要ありません。

表示されている成分は18です。このうち、油分はセタノールとホホバ油。ニュースキンの製品を販売している○さんは、「一般の石けんと違い、安全だし、油分が入ってない」と説明していましたが、販売する人がそんな初歩的な間違いをしているようでは困ります。一般の石けんに油分は入っていません。

高価格で、香りがきついこの化粧石けんを、私は使いません。

石けんでアトピーが悪化

石けんやシャンプーは流してしまうからと、いい加減に選んでいませんか。重症の成人アトピー性皮膚炎で入院した83人に対する調査があります（91〜94年。東京医科歯科大学皮膚科の谷口裕子氏らによる）。それによると、アトピーを悪化させた要因のトップが石けんやシャンプーの刺激で、47%が陽性反応を示しました。石けんとシャンプーの使用をやめたら、ステロイド剤を塗らなくても、よくなったそうです。

私は、**自然丸（☎042−759−4844）の手作りマルセル**（500g、267円）を洗顔、台所、洗濯などに愛用しています。脂肪酸ナトリウム（純石けん分）98%で、よけいな成分は含まれていません。ただし、洗顔に使うのは化粧したときだけです。体には、石けんは使いません。温冷浴をし、たまに塩で洗います。

家族は市販の石けんを使っていますが、許容できるのは、香料とエデト酸塩くらい（これをダメというと、全部ダメになってしまうので）。自分の肌に相談しながら、洗い方を見直したいものです。

24 資生堂、カネボウ化粧品

ボディシャンプー（ソープ）

DATA

〈指定成分〉

資生堂：プロピレングリコール、エデト酸塩、ジブチルヒドロキシトルエン、安息香酸塩、サリチル酸、パラベン、香料。

カネボウ：エデト酸塩、安息香酸塩、ソルビン酸塩、パラベン、黄色203号、青色1号、香料。

洗いすぎが引き起こすカサカサ肌

肌がカサカサで、保湿クリームをつけても治らない、病的な乾燥肌が増えています。

原因は、洗浄力の強いボディシャンプー、ナイロンタワシでゴシゴシこする洗い方、何にでも入っている保湿剤などが指摘されています。とりわけ、ボディシャンプーは、カサカサ肌の一番の原因といえるでしょう。

ボディシャンプーには、液体石けん主体のアルカリ性タイプ、合成界面活性剤主体の弱酸性タイプ、液体石けんと合成界面活性剤を組み合わせた中性タイプがあります。どれも、からだ全体を洗ううえ、泡立ちを楽しむなどの付加価値もつけねばなりません。

そのため、界面活性剤の濃度を高めて、油分を取り除く力を大きくしています。しかも、皮脂量の分泌は、顔より体のほうが少ないのです。高い濃度で皮脂量が少ないところをこするわけですから、大切な皮脂はすっかり取られて丸裸です。

発ガン性物質が含まれるボディソープ

さて、「１００％植物性」の表示にひかれて、ボディシャンプーを２種類買ってきました。

資生堂の**ボディソープ（サンフルーツナチュラル）N**（３００㎖、３８０円）は、裏面に「１００％植物性洗浄成分」と表示。メーカーに問い合わせたところ、「原料は１００％パーム油、合成界面活性剤も入れていて弱アルカリ性」とのこと。でも、石けんと合成界面活性剤の比率などは教えてくれません。

保湿剤のプロピレングリコールは染色体異常や発ガン性が、エデト酸塩や香料にはアレルギーや皮膚刺激が報告されています。殺菌防腐剤の安息香酸塩は発ガン性に加えて、変異原性や染色体異常があるといわれる物質です。同じく殺菌防腐剤のサリチル酸は、発ガン性や催奇形性があり、皮膚から吸収されて、ただれや発疹を起こします（酸化防止剤のジブチルヒドロキシ

資生堂のボディソープ(左)と
カネボウ化粧品のボディソープ(右)

トルエンは80ページを参照)。

カネボウ化粧品の**植物性ナイーブボディソープ**(A)(300mℓ、400円)に含まれているソルビン酸塩は亜硝酸と反応して発ガン性を生じさせ、黄色203号や青色1号も発ガン性が報告されています。

洗い流すから発ガン性物質を使ってもよいとは、どうしても思えません。これらのボディソープは、おすすめできません。「太陽の恵み」や「植物性」にこだわるなら、配合成分の安全性にも気を遣ってもらいたい!

免役力のある皮脂が皮膚を守る

健康な皮膚は、脂肪酸などの皮脂成分が皮脂膜を形成し、保護しています。皮脂は免疫力があり、皮膚のバリア機能や水分保持機能にも関係しています。だから、皮脂膜がないと、あせも、アレルギー、湿疹などが悪化しやすいのです。皮脂膜に代わるバリアは存在せず、クリームや油は代わりになりません。

また、保湿剤や油分を過剰に補っていると、皮脂はますます分泌されなくなります。皮脂は汗や汚れとは違うのです。乾燥肌の人は、できるだけ皮脂を落とさず、保湿剤をむやみに補給しないほうがよいでしょう。

ただし、冷暖房など強力な乾燥状態で過ごしたり、不健康な肌の人は、一時的にオイルや保湿剤を補ったほうがよい場合もあると思います。そのときも、健康な肌に戻るために皮脂が出やすくなるよう、オイルや保湿剤の使用は最小限に。また、肌の状態を確かめながら使うべきでしょう。

汚れは泥や化粧などの異物で、きちんと落とす必要があります。でも、汗や脂なら水で十分。石けんなど界面活性剤に頼る必要はありません。

私の経験では、スポーツ用の日焼け止めクリームやファンデーションは、石けんでは落ちません(石けんシャンプーで落ちないヘア用ムースもある)。このときは、まずオイルで拭き取るかクレンジングで落としてから石けんで洗い、よくすすいでください。

私自身は免疫力を落とさないために、化粧をしないふだんは石けんで洗いません。足の指や耳の後ろまで、手でマッサージして、湯—水—湯—水と温冷浴。最後は、必ず水で冷やし(毛穴を閉じ)ます。

第3章

Q&A 安全な化粧品の選び方

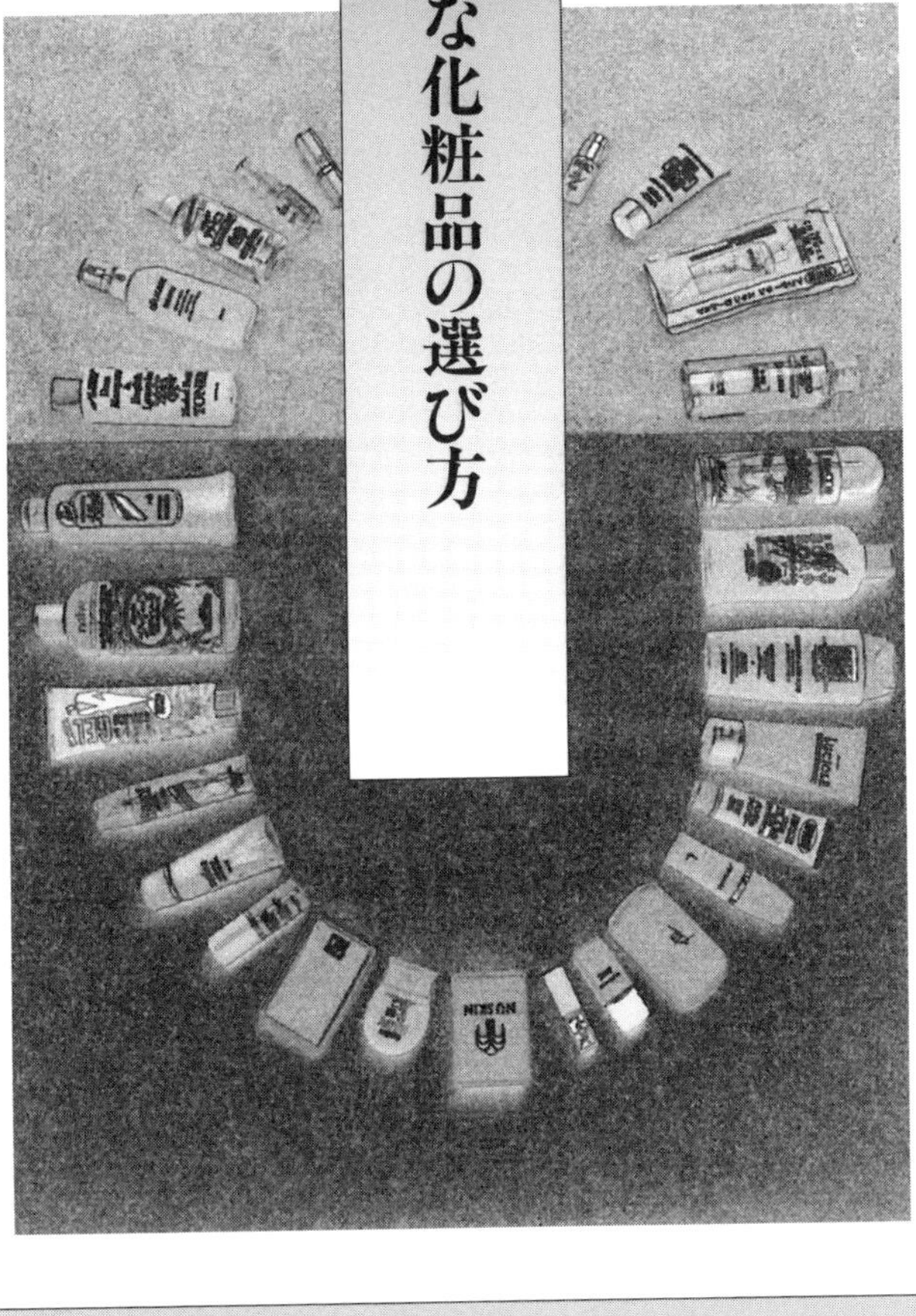

●Q1

境野さんは、どんな化粧品をどのくらい使っているのですか？ ぜひ教えてください。

ふだんは化粧しない

仕事柄、多種類の化粧品を購入し、使ってみています。でも、基本は、みんなに驚かれるほどシンプルです。

まず、ふだんは何もしません。顔は水洗いのみで、石けんも使わず、化粧水もつけません。

住まいが山の中ですから、都会の人と比べれば、はるかに外で過ごす時間が多いでしょう。膠原病という難病になったためもあって、「太陽を避けなさい」と医師から指示されています。

だから、庭の草むしりや野草摘みのときは、夏でも長袖を着て、手袋をし、手ぬぐいでほっかむりして、ツバが広い帽子をかぶります。黒い色のほうが紫外線透過率が低く、日焼けしません。炎天下は避け、できるだけ朝か夕方、しかも日陰での作業です。このとき、サンスクリーン剤は使いません。基本的に肌にベトベト塗るのが好きでないのです。

外出や講演のときは、そこそこ

デパートへ買物に行ったり、友人と食事などで出かけるときは、素肌にファンデーション（21ページで紹介した**ハイム**の製品）をつけ、口紅（アメリカの自然食品店で買ったオーガニックの口紅〈日本では手に入りにくい〉か**資生堂**の**ナチュラルズ ピュアリップス**）を塗ります。乾燥していて唇が荒れ気味の冬などは、オイル（オリーブ油やゴマ油）やリップクリーム（**ハイム**）を塗ってから、口紅をつけます。

化粧落としは石けんで。**自然丸**の**手作りマルセル**を切り分けて、使っています。その後、自家製の酸性化粧水（86ページ参照）をつけます。

講演などでドレスアップしたときは、化粧もばっちりします。下地に美容液を使うときもありますが、たいていは何もつけずにリキッドファンデーションをつけていて、まったく問題ありません。それから酸化チタンなど紫外線散乱剤入りのファンデーション（オキシベンゾンを含まないもの）をつけ、頰紅とアイシャドウもつけます。そして、普通のメーカーの口紅を服に合わせて塗るのです。

　こうしたときは、買い集めたなかから、いろいろ試しています。これくらいなら、化粧落としは石けん洗顔で十分です。

食べ物と肌には深い関係がある

　私は、子どものころから20代まで、吹出物、アレルギー、ニキビ、炎症、かゆみ、カサカサと、ないものがなかったほど弱い肌でした。家業が薬局だったので、幼いころからクリーム（ウテナお子さまクリームというのがありました）や乳液をつけていたせいでしょうか。

　母も同じように肌が弱いので、「遺伝ね」と言われ、そう信じていたのですが、いつのまにかすっきりと治っていました。

　食べ物の影響も、おおいにあると思います。病気してからは、穀物、いも、小松菜・人参などの野菜、豆、ワカメ・ノリ・昆布などの海草をしっかり食べ、ふだんは肉、魚、乳製品などはまったく食べなくなりました。食べたいとも思いません（旅行や会食などのときには、喜んで食べる）。

　そんなこともあるのでしょうか、いまは保湿の必要性をまったく感じません。冬に1カ月に一度、足のかかとにゴマ油のマッサージをするくらいです。クリームも乳液も、使わなくなりました。

　商品を試すために、ときどき顔の片方にだけ化粧水・クリーム・美容液などを塗ってみます。「保湿」剤がばっちり入っている美容液をつけても、つけなくても、ほとんど変わらないのが不思議です。パックだって、何もつけなくてもしっとりなので、「効果」がまったく実感できません。効果がわかる人は、よほどふだんの肌の状態が悪いのではないでしょうか。

Q2　100%安全な化粧品は、ありますか？

80%の安全性を目安にしよう

永久にないでしょう。安全性がかなり確かめられている化学物質で作られている場合、80%程度安全な化粧品なら、簡単に探せるはず。探すポイントは次の5つです。

①全成分表示されていること

自分が使っている化粧品が、どんな化学物質でできているか知ることが、安全への第一歩です。

②効能や効果を謳っていない

化粧品に効能や効果はありません。効能や効果を印象づけるのは違法だし、疑ってください。

③自分の皮膚で安全性を確かめる

厚生省薬務局審査二課薬務連絡（87年6月18日）のガイドライン（試験項目）によれば、皮膚感作テストは2日間、皮膚刺激テストは最長で3日間、眼刺激テストは7日間、経皮・経口急性毒性テストは14～21日間。医薬品の軟膏類で、パッチテストや実際に使ってみて異常があったかどうかの最長観察期間は12週間。つまり、12週間以上使い続けたときの安全性は未知数なのです。化粧品会社のテスト結果ではなく、あなたの皮膚で確かめて選びましょう。

④メーカーが良心的なこと

タダでもらうのではありません。お金を出して買うのですから、商品について納得いくまで質問するのは当たり前です。その質問に誠心誠意答えてくれるメーカーを選びましょう。

⑤価格が適正であること

高い化粧品が安全性も高いとは限りません。アレルギーが起きたときでも、もったいなくて捨てられないなど、高いゆえの悲劇もあります。

また、安全性を謳った自然化粧品や無添加化粧品が本当なのか、よく注意してください。

●Q3 化粧品の使用期限と保存期間について教えてください。

未開封なら3年、開封後は半年〜2年

「未開封のものは3〜4年、開けたものは2年、保存できるように作っています」(資生堂)

「製造後3年経たものは、お客様の手にわたらないようにしています」(ハイム)

各社で微妙な違いはありますが、未開封ならば3年間は大丈夫です。

でも、開封したら、直射日光や高温を避けて保管し、クリーム・乳液は半年、化粧水は1年を目安に、使い切りましょう。口紅・固形ファンデーション・アイカラーの場合は2年が目安です。なお、保存料を使っていない特殊な化粧品については、メーカーに問い合わせてください。

問題は、消費者には化粧品の製造年月がわからないことです。薬事法では、適切な保管方法で3年以内に変質するものにだけ期限表示を義務づけており、メーカーは、消費者には理解できないように製造番号を打っています。製造年月を全製品に表示しているのは、**ハイム**と**ちふれ化粧品**だけ。消費者がおとなしいので化粧品業界はいい加減なのではないかと、残念です。

実際の化粧水と同じpH7程度のアラントイン配合のモデル化粧水を用いた実験の結果では、60日目のアラントインの残量は約72%でした(アラントインは肌荒れを防ぐなどの効能を謳い、多くの化粧品に使われている)。つまり約3割の成分がわずか2カ月で失われているわけで、品質保持が期待できないことを意味しています(東京都衛生研究所の報告による)。

公的な機関できちんとした分析とチェックが求められます。また、消費者にわかりやすい製造年月の表示が不可欠です。

Q4

化粧でかぶれ、かゆくてしかたがないので軟膏をつけましたが、顔から首まで赤くなり、かゆみもひどくなりました。どうしたらよいでしょうか？

かぶれの治療に使われる軟膏でかぶれるという、笑えない現実があります。横浜労災病院皮膚科で、93年から95年に入院したアトピー患者200人に、治療で使ってきた塗り薬のパッチテストを行いました。その結果、33％の65人が接触皮膚炎を起こしていたのです。

軟膏の内訳は非ステロイド剤20人、尿素剤19人、かゆみ止め14人、ステロイド剤7人など。ステロイド剤に比べて副作用が弱く、比較的効果があり、よく使われる非ステロイド剤の陽性率がもっとも高く、2番目は保湿剤として寒い季節に人気の尿素剤でした。

31歳の女性の場合、クリーム、アンダーム軟膏、レスタミン軟膏など9種類が陽性でした。これらを使いながら、「1～2週間過ぎると合わなくなる」と自覚していたものの、「ステロイド剤を絶対使いたくないから」と我慢していたようです。

この結果を報告した横浜労災病院の向井秀樹氏らは、次のように提案しています。

「効かない、使うとかゆみが出るなど、ステロイド剤の有用性に疑問を抱き、脱ステロイド療法を行っている症例中に、単にステロイド剤でかぶれている症例も考えられる。かゆみや刺激感がある場合は、使用している軟膏のかぶれを考慮して、定期的にパッチテストを行う必要がある」

このテスト結果は、化粧品にもあてはまります。化粧品でかぶれたときは、まず化粧品を使うのをやめること。そして、ダニがいないかを含めて、住宅事情や衣類、じゅうたん、カーテン、ぬいぐるみなどを点検しましょう。

軟膏を使うときには、顔以外の場所でパッチテストをしてください。また、「ステロイド剤は危険」という思い込みも危険。薬は症状に合わせて上手に使いたいものです。

〈参考文献〉

向井秀樹・新井達・平松正浩「外用剤が悪化要因である成人型アトピー性皮膚炎」『アレルギーの臨床』18巻2号、98年。

Q5

外出時は、紫外線を避けるためにファンデーションをつけたほうがよいと思いますが、どうでしょうか？

種類を選んでつけるが、頼りすぎない

私は、外出時にはファンデーションをつけます。ファンデーションはSPF値が表示されていなくても、紫外線を散乱する効果がある成分が40%以上含まれています。SPF値にすると16～20で、これだけで、夏の昼間に強い日光を浴びても4～6時間は日焼けしません。

そして、毒性に問題があるジブチルヒドロキシトルエンとブチルヒドロキシアニソール（酸化防止剤）が入っていないファンデーションを選びます。肌にトラブルがあるときは、油分や界面活性剤が少ない固形のほうがよいでしょう。

また、安くてかぶれないものを探してください。重ね塗りをすると、それなりに効果的です。

ただし、アレルギー体質の人、肌が炎症を起こしている人、皮膚が弱い人などは、つけないほうがよいでしょう。

同時に、ファンデーションにだけ頼るのはやめること。紫外線量がとくに多いのは5～9月の10～14時です。この間の15分は、ふだんの朝や夕方の3時間分に匹敵します。紫外線は、長袖、帽子、日傘、手袋で防ぐことが大切です。帽子はツバが広いものを。また、ガラスも通過しますから、車に乗る人は窓越しの紫外線も要注意です。

海や山へ行く場合は、SPF値が高いサンスクリーン剤を使います。ただし、サンスクリーン剤は、確かに紫外線は防げますが、高ければ高いほど皮膚への負担は多く、使い心地もよくありません。私はSPF値30以下を選んでいます。

また、38ページなどで書いたように、紫外線吸収剤オキシベンゾンは環境ホルモンです。含まれているファンデーションは避けてください。

Q6

化粧水、乳液、クリーム、美容液など、いろいろすすめられます。どれも使わなければならないのでしょうか?

そんなにたくさん塗りまくっていたら、肌がかわいそう。できるだけ使わないことが、健康なみずみずしい肌を保つためのポイントです。

化粧水だけで十分
使いすぎるからカサカサ肌に

あなたが25歳未満なら、乳液、クリーム、美容液は、かえって毛穴をふさぎ、ニキビや肌荒れのもと。私も塗りまくっていたときは肌荒れがひどかったのですが、化粧水だけにしたら、しっとり肌になりました。

それもそのはず、肌には皮脂という天然のクリームが出ているのです。乳液、クリーム……と補えば補うほど天然のクリームは出てこなくなり、カサカサ肌になっていく悪循環が生じます。

乳液、クリーム、美容液は、できるだけ使わないこと。石けんで洗顔し、肌が突っ張るようであれば化粧水を2～3回つけます。それでもカサカサする部分にだけ、クリームやオリーブ油のような油分を補うようにしましょう。

25歳以上でも、基本的にはクリームや乳液を使わずに、乾燥がひどいときにだけ補う程度が素肌のためにはよいでしょう。私は52歳ですが、クリームや乳液を塗る必要をまったく感じません。

あなたが健康な肌で、これまでアレルギーやかぶれなどのトラブルがまったくなかったなら、多少は使ってみるのもいいと思います。でも、アレルギーを起こしやすい敏感肌の人は、何が原因なのかわからなくなるなど、問題を複雑にするのでおすすめできません。化粧品は多種類の化学物質で作られていることを忘れないでください。

また、使う場合は、化粧水など油分の少ないものからつけるほうがいいでしょう。クリームや乳液など油性の化粧品を先に使うと、油膜がバリアになって肌に浸透しませんから。

Q７

雑誌で盛んに紹介されている尿素化粧水を作ってみようと思うのですが、肌によいのでしょうか？

ある雑誌で、「皮膚病の治療にも肌の美容にも、すぐれた効果を現す美肌水」と尿素化粧水を紹介していました。尿素は角質の水分保持量を増加させ、角質溶解剥離作用がありますから、乾燥肌や硬くなった肘やかかとなどに有効です。しかし、医師の署名入りの記事を読んで、びっくり。なんと使われている尿素は肥料用で、「園芸店やホームセンターでは、１kg２００円前後が平均的な値段」と書かれていたからです。

尿素の価格（１kg）は、医薬品に使われる日本薬局方の規格に適合した品質（局方品）で２０００～３０００円、「化粧品原料基準」の規格品で約１０００円。化粧品用であれば、日本薬局方の純度と同じ99%以上、製造工程での汚染などをチェックする純度試験が義務づけられています。

安さを優先して化粧品が作られていたらと思うと、ぞっとします。肥料用の尿素を顔に塗ることをすすめるとは、何を考えているのでしょうか。森永砒素ミルク中毒事件が、工業用のリン酸塩を使ったために起きた人災だったことを思い出すと、背筋が寒くなる思いです。

尿素化粧水を自分で作るときは、多少高くても薬局で局方品の尿素を買いましょう。尿素50gを水２００mℓで溶かし、グリセリン小さじ１を加え、混ぜて作ります（20%溶液）。

ただし、傷があったり炎症が起きている肌と目のまわりには使えません。また、皮膚のピリピリ感、痛み、赤み、灼熱感、腫れ、カサカサになる、湿疹などの副作用に注意してください。そうした症状が出たら、使うのはやめましょう。敏感肌の場合は、３～10%に薄めることを忘れないでください。

金属と接触すると化学反応が起きますから、容器やビンのフタが金属でないかも要チェック。

Q8

朝と夜用のクリームの成分に、ジブチルヒドロキシトルエンと書かれていました。「毒性に問題がある」と聞いたので心配です。

　ジブチルヒドロキシトルエン（ＢＨＴ）は、食品添加物やポリエチレンなどのプラスチックに使われている酸化防止剤です。油は温度や紫外線で酸化していくので、それを防ぐために添加されます。化粧品で含まれているのは、油分が入っている製品、つまりクリームや口紅などで、「化粧品種別許可基準」では、すべての化粧品に1％までの配合が認められています。

発ガン物質であり発ガンを促進する物質

　ジブチルヒドロキシトルエンは、水に溶けません。したがって、人間の体に入ると、脂肪組織に蓄積しやすい傾向があります。

　慢性毒性は、それほど強くはありません。しかし、0・3％のジブチルヒドロキシトルエンを含むエサをマウス（ネズミ）に2年間食べさせたら、肺にガンができたというデータがある物質です。ＷＨＯの下部機関である国際ガン研究機関では、発ガン性を5種類に分類しています。そのうち、グループ3（人に対する発ガン性の疑いがあるが、証拠は不十分である）に分類されているのです。

　また、発ガンを促進する物質（プロモーター）でもあります。ラット（マウスより大きいネズミ）の食道ガンを促進することが報告されています。

気にする消費者が増えればメーカーは使わなくなる

　では、なぜ禁止されないのでしょうか。それは「動物実験で発ガン性が確かめられても、人に対して発ガン性をもつかどうか、証拠が不十分」とされているからです。動物実験で発ガンが確かめられた物質は、まず禁止して安全を確かめ、安全だったら再び許可すればよいと、私は思います。

発ガンの疑いがあるだけでも、使うのは不安な気分です。

食品では、バターや油脂類、魚の乾燥品や塩蔵品などに使っていいことになっています。私は、煮干しなどを買うときには、ＢＨＴが使われていないものをチェックして買っています。食品添加物の有無を気にする消費者が増えたので、添加が許可されていても、実際に使うメーカーは少なくなってきました。

私は、まえがきでも書いたように、化粧品も食べ物と同じくらい、あるいは食べ物以上に、安全性に気をつけてほしいと願っています。毎日使い続けるし、油分と界面活性剤が入っているクリームなどは皮膚から吸収されやすいのですから、当たり前な気持ちではないでしょうか。

次に買うときは、必ずチェックして、ジブチルヒドロキシトルエンが入ってないクリームを買いましょう。たくさんの種類があります。

メーカーにも、投書や対面販売のときを利用して、製品の安定性よりも、使い続けて安心できる安全性を最優先してほしいという消費者の気持ちを、わかってもらいましょう。

ブチルヒドロキシアニソールも避けよう

同じ酸化防止剤にブチルヒドロキシアニソール（ＢＨＡ）があります。こちらはラットに2年間食べさせたところ、前胃にガンができることが明らかにされました。ハムスターやマウスでも、同じ結果が出ています。その結果、国際ガン研究機関は、グループ２Ｂ（人に対して発ガン性を示す可能性がかなり高い）に分類しました。

厚生省は82年に使用の禁止を決めましたが、海外では同調しない国もあり、実施直前に禁止は延期され、今日に至っています。しかし、その後もイギリスで染色体異常を引き起こすデータが出されたり、環境ホルモンとしてリストアップされるなど、疑わしさが増している物質です。

98年に調べたときは、たとえば**ロート製薬**のほとんどの口紅に使われていました。その後、使用が減ったようですが、**シャネル**の**アリュール　オードゥトワレット**（原産国フランス、１００mℓ、１３０００円）には、現在も使われています。

Q9

ノンパラベンの化粧品が増えていると聞きました。ポストパラベンの主要剤といわれるフェノキシエタノールの安全性は？

フェノキシエタノールは、フェノールの仲間です。フェノールはタールから分離して製造され、強力な消毒殺菌剤として医療現場で使われてきました。動物実験で、半分が死ぬ量を半数致死量といい、値が小さいほど毒性が強いことを意味します。１kgあたり半数致死量はフェノールが０・５３～１・３ｇ（ラット、経口）、一方パラベンは１～８・４ｇ（マウス、経口）、フェノキシエタノールは１・２６ｇ（ラット、経口）です。

フェノキシエタノールは、このフェノールにアルカリ溶液中で酸化エチレンを加え、蒸留して作られます。パラベンと組み合わせると、さまざまな菌に有効になるため、これまでも使われてきました。

原液には目への刺激性が報告されていますが、薄めた場合は少ないようです。皮膚への刺激も、強い腐食作用があるフェノールとは違い、少ないようです。

したがって、フェノキシエタノール自体の毒性は、現在のところ問題がないと思います。

すべての化粧品への添加が認められていて、使用濃度は１％。ただし、表示義務がないので、どの化粧品に使われているかは、わかりません。

最近パラベンに内分泌撹乱作用があると警告されたため、代替品としてフェノキシエタノールの使用が増えています。たとえば、無添加化粧品メーカー**CAC**や**ニュー スキン ジャパン**、あるいは**ハイム**の新製品である**ノンパラベン・指定成分無添加**のシリーズなどです。

ただし、化学反応を起こしやすい構造をしているため、酸素と反応して自動酸化を起こすなど、安定性にやや問題があります。

Q10

乳液の説明書に「スクワランを配合」と書いてありました。これは何でできていて、安全なのでしょうか?

危険性はないが、効能もない

スクワランの安全性に、問題はありません。ただし、スクワランは化学的な合成油脂です。市販のスクワランオイルを、天然の油脂と勘違いしている人が多いのではないでしょうか。

確かに、原料は、アイザメなど主として深海のサメ類の肝臓に含まれる油や、人間の皮脂、綿実油、オリーブ油などにも含まれているスクワレンです。しかし、その肝油やスクワレンにアルカリを加えてグリセリンと脂肪酸にし、金属ナトリウムで精製し、水素を加えるなど、工業化された製造法で作られてきました。漁獲量の減少や需要の急増により、肝油はノルウェーなどから輸入されています。

スクワランは無色透明で、匂いも味もありません。空気中で変質しないうえに、水やエタノールにはほとんど溶けず、鉱物油や油脂によく溶けます。つまり、化学的にも熱にも安定していて、皮膚に広がりやすく、混ざりやすいのです。感触も悪くありません。

そのため、化粧品として使いやすく、クリーム、乳液、メイクアップ化粧品、ヘアオイル、ヘアクリームなど多種類に配合されています。

最近、このスクワランが何か特殊な効能があるかのように宣伝されているようです。でも、化学的な合成過程を経て作られたスクワランに、生化学的な効果は期待できません。毒性はありませんが、「日焼け止め」「アトピーが治る」「美白」などの効能があるとは信じられません。

保湿効果がせいぜいでしょう。たとえば、スクワランの紫外線の吸収能力程度で炎天下で日に焼けないと考えたら、とんでもありません。

Q 11

顔色が悪いので、頬に赤みがほしくて、頬紅の代わりに口紅を塗っています。続けてもかまいませんか？

すぐにやめてください

口紅を頬に塗るなんて、最悪です。

口紅は、固形パラフィンやラノリンなどの油性成分が93％。これがシミの原因になります。残り7％は色素、酸化防止剤、界面活性剤、香料など。市販の口紅の大半には、発ガン性の疑いがあるタール色素（赤色２０２号、青色1号など）が使用されているのです。

しかも、変異原性の問題も指摘されています。それは、大阪市立大学生活科学部の山口英昌教授らの報告です。食品添加物として使われている10種類の着色料の溶液に紫外線を当て続けたとき、赤色2号、赤色１０６号、青色2号に突然変異を起こす性質が新たに出てきたといいます。

また、同志社大学の西岡一教授は、実験にもとづき、着色料が紫外線で遺伝子の変異を起こすと、次のように指摘しました（『蝕まれる生命』三和書房、82年）。

「暗室内で大腸菌に口紅を接触させたときは、どのサンプルも突然変異を起こさなかった。しかし、20ワットの蛍光灯2本で照らすと、約20％のものに突然変異が生じた。光が当たると、口紅が遺伝毒性を示すのである。（中略）色素分子に可視光線（４００～８００ナノメートルの波長）のエネルギーが吸収されて、ＤＮＡに傷をつける」

口紅は油分が多いので、シミが出る確率も高くなります。頬に塗るのは、ただちにやめましょう。

「顔色が悪いから」という理由で頬紅を使う女性は多いようです。しかし、ふつう使われている固形の頬紅には、吸い込むと発ガン性があるといわれるタルクという物質が含まれていることも忘れないでください。また、タール色素の使われていない頬紅を選んでください。

Q12

眉が薄い私は、眉墨だけは手放せません。眉を傷めない眉墨の選び方・使い方は、ありませんか?

眉墨は、眉の形を整える化粧品です。かつては、木炭を使用していました。それで、この名前がついたようです。

市販のほとんどがペンシル型。ロウ（約35％）、顔料（35％）、油分（20％）などを練り合わせて作られています。

顔料には酸化鉄や酸化チタンが使われ、ダークブラウンやダークグレイなどさまざまな色があります。こうした顔料の皮膚毒性は、弱いようです。自分の気に入った色や硬さを探しましょう。

柔らかいタッチを選び、使いすぎない

ただし、眉を傷めないようにするには、できるだけ柔らかいタッチのものを選んでください。そして、眉の下や眉尻など眉毛のないところをおもに描くようにします。眉毛がある場所をゴシゴシとこするように描くと、摩擦で毛がすり減ってしまいます。やめてください。

また、眉墨の特徴は、皮脂分を吸い、毛根を傷めやすいことです。そのため、使えば使うほど眉毛が薄くなる場合があります。だから、また眉墨を使い、より眉毛が薄くなるという悪循環が生まれてしまいます。薄くなるのを避けるために大切なのは、次の二つです。

① 特別な外出などに限り、日常的に使いすぎないこと。

② 使った場合は、よく落とした後で、オリーブオイルなどの油分を補うこと。

目のまわりは、からだのなかでもとくに脂分がなく、目の粘膜に触れる敏感な部分です。他に比べて、より気をつける必要があるでしょう。

私は、薄い眉も個性だから、気にするほどではないと思います。私自身は、講演など特別なときしか眉墨は使いません。

Q 13

自分で化粧品を作ってみたいと思います。何がよいでしょうか？　また、作り方を教えてください。

長く保存はできない

健康雑誌では、毎月のように手作り化粧水が紹介されています。ヘチマのようにポピュラーな材料だけでなく、ニンニクや紅茶など、ずいぶんいろいろな材料が出てきました。とくに、「１００％自然」だと喜ぶ人が多いようです。

しかし、化粧品は、作ってその場で使い切るフレッシュジュースや料理とは違います。半年ぐらい保存させたいと思うなら、「１００％自然」は危険です。長く保存できません。

たとえば、すりおろしたアロエで作るアロエ化粧水や、キュウリ・パセリなどをミキサーで混ぜたエキスなら、保存はせいぜい２～３日。ホワイトリカーや焼酎に漬けただけのドクダミ化粧水や卵の薄皮化粧水の場合で、１～３カ月と考えてください。

また、自然の素材だから肌にいいとは限りません。さらに、本人によくても、他人に合わない場合があるのは、市販の化粧品と同じです。したがって、すべての人によいものを推薦はできません。また、他人にはプレゼントしないことです。

酸性化粧水の作り方

私は、自然の素材が入らない酸性化粧水を使っています。簡単に作れるし、２～３カ月は保存できます。材料は水（７４０mℓ）に加えて、クエン酸（10g）、グリセリン（１００mℓ）、局方エタノールないし消毒用エタノール（１５０mℓ）。いずれも、普通の薬局で買えます。なお、無水エタノールという製品もありますが、引火しやすいので避けてください。

作り方は、次のとおりです。

①　クエン酸を水（20～25℃）２００mℓに溶か

す。

② ①に局方エタノールないし消毒用エタノールとグリセリンを加える。

③ ②に残りの水を加えて１０００mℓとする。

しかし、これも合わない人はいます。実際に作ってみて、「刺激が強く、ピリピリした」人もいたそうです。よほどの敏感肌なのでしょう。そうした人は、完成した酸性化粧水を半分の濃度に薄めて使うか（ただし、保存期間も短くなる）、使うのをやめるしかありません。

注意するべき6つのポイント

自分で作っている化粧品の使い心地がよくて、ずっと使い続けていきたい人や、手作り化粧品に挑戦してみたい人は、次の点に注意して楽しく作ってください。

①パッチテストをする

自分の肌に合うかどうか、アレルギー反応は起きないか、布に染み込ませて必ず自分の素肌で確かめましょう。

②新鮮な材料を使う

「食べられなくなったから」「残ったから」もったいないと、古くなった材料を使うのは危険です。皮膚もおなかと同じように敏感です。

③清潔な器具を使う

新鮮な材料を使っても、容器や道具が汚れていれば、意味がありません。保存料を用いていないからこそ、清潔さに注意する必要があります。よく洗って、使いましょう。

④保存場所に注意する

直射日光の当たらない場所で、光を通さない容器に入れて保存します。冷蔵庫に入れるのも、一案です。

⑤保存期間に注意する

素材を生で使う場合は、2～3日です。アルコールやグリセリンを2割ぐらい加えれば、1～3カ月はもちます。製造年月日を書いておくと、よいでしょう。

⑥炎症が起きているときは使わない

腫れていたり、傷があるときに使うべきでないのは、市販の化粧品と同様です。

Q14 酸性化粧水を使いましたが、肌が突っ張る感じが気になります。

酸性化粧水を初めて使う人は、肌が突っ張る感じがすると思います。普通の化粧水には、必ずといっていいほど油分が入っており、肌がそれに慣れてしまっているからです。

できるだけ乳液やクリームを補わずに、酸性化粧水だけで1～2週間がまんし、突っ張ったら1日に何回でも使ってみてください。2週間がまんすれば、なんとか回復してくると思います。

それでもダメなら、重症の乾燥肌です。オリーブオイルを1週間に一度ぐらい補い、それ以外は酸性化粧水だけで続けてみましょう。なお、刺激がピリピリと強すぎるという人は、2倍から3倍に薄めて使ってみてください。

ところで、化粧品を作るのに使われる水は精製水。水を蒸留またはイオン交換樹脂を通すなどの方法で精製したものです。pH約5～7、塩化物や硫酸塩を含まないなど、「日本薬局方」で細かく規定されています。薬局やドラッグストアなどで売っています。

では、水道水を使ったらどうでしょうか？　私は水道水で作っていますが、つけ心地も保存（2～3カ月）も、とくに問題はありませんでした。化粧品によっては、水の夾雑物で品質が変化しますから一般化はできませんが、酸性化粧水は水道水でも大丈夫のようです。

ただし、これは水道水が飲み水に使えることが前提です。飲めないような水では、話になりません。私は基本的なスタンスとして、飲んでいる水準以上の水を、顔に塗ってもしかたないと考えています。ですから、浄水器の水を飲んでいる人はそれを、ミネラルウォーターを飲んでいる人はそれを使うのが、よいでしょう。もちろん心配性や完全主義のあなたが、精製水を使いたいなら、どうぞ使ってください。それがベストです。

Q15 合成洗剤の成分が入っていない石けんを選ぶには、どうしたらよいでしょうか?

洗濯用の場合は、石けんには脂肪酸ナトリウムと表示されていて、合成洗剤と区別できます。一方、洗顔用の固形石けんは薬事法で表示をしなくてもよいため、区別できません。

石けんはアルカリ性と覚えておこう

全成分表示になれば、こうした悩みは解決します。しかし、現在は、純粋の石けんだと思って、合成洗剤の成分が入ったものを使っている人がかなりいるのではないでしょうか。全成分表示になるまでの見分け方をお教えしましょう。

①アルカリ性かどうか

石けんは弱アルカリ性です。中性では洗浄力がありません。弱酸性や中性と表示されている固形石けんは、合成洗剤です。

②肌触り

何回すすいでもヌルヌル感が残る場合は、各種の化学物質が入っています。

③メーカーに聞く

「合成界面活性剤を使っていますか」と聞きましょう。ていねいに教えてくれないメーカーのものは、使わないのが賢明です。一般に、化粧品メーカーの製品や洗顔用には合成洗剤の成分が含まれ、石けんメーカーの製品や普通の石けんは純石けんが多いようです。

④価格が安いかどうか

私が調べたところ、価格は１００ｇあたり50円から２７００円までありました。一般に、高いほど合成洗剤の成分入りの可能性があります。

安いのは、昔ながらの白い機械練りの石けんです。しかし、それでは消費者の「美しい顔に使うのよ」という高級指向を満足させられません。それで、添加剤が加えられた、高価な透明石けんが登場したのです。

Q16

顔の突っ張り感、痛み、赤み、プツプツの症状がひどく、軟膏にもかぶれます。どんな石けんが合いますか?

この質問をされた方は、次のようにおっしゃっていました。

「あるメーカーの石けん、パック、化粧水をすすめられて、使っていましたが、皮膚からフケのように白い皮がはがれ落ちます。いまは何もつけず、素洗いのみで、たまに低刺激の固形の透明石けんを使っています。純石けん100%も使ってみましたが、刺激が強すぎて合いません」

石けんで洗わないほうがよい

石けんメーカー26社に「肌が弱い人、炎症が起きている人でも使える石けんはありますか」と問い合わせましたが、各社とも「炎症が起きている肌を洗浄すること自体が好ましくない」という意見でした。石けんで洗わないほうが、皮膚の免疫力や再生力の回復が早いと思います。乾燥がひどいところにだけ、食用のオリーブ油やゴマ油を皮膚に相談しながらたまに補う程度で、様子を見ましょう。また、化粧品不耐症の状態ですから、化粧はやめましょう。

なお、「石けんはアルカリ性だから肌が荒れる」というのは間違いです。温泉はほとんどアルカリ性ですが、温泉で肌が荒れますか?

「肌が弱いから弱酸性石けんを使う」というのも間違いです。弱酸性石けんには合成洗剤が加えられていますから、洗浄力が強く、肌に浸透しやすく、かえってトラブルの原因となります。

また、最近、手作り石けんがブームです。しかし、廃油に苛性ソーダを加えて作る石けんは、洗濯用にはなりますが、洗顔には使えません。苛性ソーダが残っている可能性もあり、危険です。

添加剤が含まれている石けんも多い

価格が高い透明石けんは、普通の石けんとどう

安全な化粧品の選び方

違うのでしょうか。まず、石けんの含有率が違います。普通の石けんは85～90％ですが、透明石けんは55～65％。その分グリセリン、アルコール、砂糖などの透明化剤が添加され、さらにプロピレングリコール、ポリエチレングリコール、合成界面活性剤などが加えられる場合もあります。こうした添加剤がアレルギーを起こす可能性があり、肌が弱い人は普通の石けんを使うほうが無難です。

石けんを作っているメーカー24社にアンケートしました（表10）。このうち、カネボウの商品には合成洗剤の成分が含まれています。また、コーセーは「合成界面活性剤は入れていない」と言っていますが、pHが中性ですから、実際には含まれているでしょう。pHや配合処方割合など詳しく教えてくれたのは**自然丸**と**ハイム**、「公表しない」というのは**カネボウ**と**コーセー**でした。

各メーカーとも、石けん原料となる動植物油脂や各種の添加剤に工夫をこらし、差別化をはかっています。たとえばコーセーは、「糖類、グリセリンのほか過脂肪剤を含み……型枠に流し込んで一定の温度と湿度のもとに、和漢植物エキスと石けん成分を80日間熟成」とまるでお酒のようです。

表10　アンケートに答えたメーカーと石けん一覧

メーカー名	商品名（g数と価格）	表示指定成分
カネボウ化粧品	レヴューフレイアケークソープ（透明）　100g 1,800円	エデト酸塩，パラベン，香料
コーセー	清肌晶（透明）　120g ケース付 2,000円	香料
自然丸	手作りマルセル　500g 250円	
シャボン玉	ビューティーソープ　100g 200円 小粋な女　115g 1,650円	
白井油脂	無添加石けん　135g 300円	
太陽油脂	パックスナチュロンフェイスクリアソープ（透明）　95g 900円	
地の塩社	よもぎ石けん　1個300円	
ハイム	浴用石けん　120g 120円 美容石けん（透明）　100g 250円	エデト酸塩，香料
プリベイル	ジュスティーヌビューティーソープ（透明）　100g 2,000円 アリベオーネマイルドソープ（透明）　90g 1,500円	
ペカルト化成	ペカルト　120g 1,200円 ペカルトソープ　140g 1,500円	
松山油脂	コンファームクレンジングソープM　100g 800円 コンファームスムージングソープM（透明）　90g 800円	
桶谷石鹸	ウィル洗顔石けん生粋　120g 2,700円	香料（天然ハーブ）
DHC	マイルドソープ（透明）　90g 1,700円 ピュアソープ（透明）　40g×3個 1,500円	

（注1）返事が来なかったのは，アルソア央粧，エスケー石鹸，花王ソフィーナ，資生堂，東北石鹸，ナリス化粧品，ハイネリー，ボーソー油脂，松島油脂，ヤマカ石鹸工業。ファンケルからは，「単一の商品についてのご質問への対応はできかねます」という返事が来た。
（注2）松山油脂の商品には，ザラザラ感を演出するスクラブ剤が含まれている。

Q 17 人気のアロマテラピーって、効くのでしょうか？ アレルギーを起こしやすい香料が含まれているとも聞きましたが……

良質のものを適量、使うのがよい

アロマは香り、テラピーは療法、つまり芳香療法のことで、昔からありました。嗅覚を利用して自然治癒力を引き出し、体調を整えます。森で深呼吸し、木々の香りを嗅いだだけでリラックスしたり、海を見ながら潮の香りに包まれると悩みが軽くなったりするのも、アロマテラピーです。

最近のブームでは、植物から採取したエッセンシャルオイルを利用します。このオイルは有効成分が濃縮されたもので、香料が高濃度で含まれています。皮膚に直接つけたり、飲んだりはできません。湯ぶねに5～6滴とか、ハンカチに2～3滴たらしてほのかな香りを楽しむ使い方が、ベストです。マッサージ専門の芳香入りオイルや、部屋を香りで満たす芳香器も市販されていますから、気に入った香りを気軽に楽しめます。

ただし、一般的に香料はアレルギーを起こしやすい物質です。「植物から抽出」「天然・自然」といったイメージだけで使うのは、やめましょう。実は私は、売場の強烈な人工香料の臭いにダウン。購入するに至っていません。純度の高い、良質のものを買い、適量を守ることが大切です。

アロマテラピーの効果は、緊張をほぐす、精神を安定させる、心を穏やかにする、気分を明るくさせるなど、量れないのがたまにキズ。あなたが効いたと思えば、効いたのです。同時に、まわりに香りの公害を撒き散らしていないかにも、気を遣ってください。あなたがどんなに好きな香りでも、隣の人は嫌いな臭いかもしれません。毎日使い続けていくと、臭いに鈍感になっていきます。

まず身近なもの、たとえばヨモギやミントなどのハーブを湯ぶねに入れることから始めてみては、いかがですか。

Q18 肌を美しくする食べ物は何ですか？

穀物・豆類・野菜をたっぷり食べよう

肌は心と体の健康のバロメーター。化粧かぶれのような肌のトラブルに加えて、ホルモン異常や便秘などを防ぐには、毎日の食生活が大事です。では、肌に悪いものは何でしょうか。お酒の飲みすぎ、煙草の吸いすぎ、睡眠不足などは、実感としてわかります。ただし、肌によい食べ物は、なかなか実感できないでしょう。

私は幸か不幸か難病になり、玄米がゆと豆腐、黒ゴマ、海草、野菜ジュースといった食事療法で克服したので、そうした食事が肌をきれいにすることを実感できました。ポイントは次の五つです。

①もっとも大事なのは、穀物。できるだけ精白されていないもの、玄米や三分づき、五分づき米を食べると、効果的。麦、アワ、ヒエ、キビなど多種類を多様に食べよう。

②次に大切なのは、イモ類、大豆・金時豆など豆類、ゴマ、クルミ・アーモンドなどのナッツ類。豆腐や納豆、味噌汁を毎日の食卓に載せる。

③人参・小松菜・カボチャなどの緑黄色野菜と、昆布・ワカメ・ヒジキなどの海草をたっぷり食べる。

④タンパク質は、豆類がベスト。魚、肉、牛乳、卵は控えめに摂り、量は野菜より少なくする。

⑤砂糖と油脂を減らし、塩は適量を摂る。

こうした食事は体の免疫力を高め、高血圧、心臓病やガンにかかりにくくします。環境汚染からも身を守ります。つまり、肌によい食事は健康にもよい食事なのです。

食べすぎない、よくかむ、間食しない、夕食は軽く、水分をたっぷり摂るなども、お忘れなく。

Q19

私は卵や乳製品などでアレルギーを起こします。化粧品の場合は、どんな成分に気をつけるべきでしょうか？

厚生省は２０００年7月、急性で深刻なアレルギー症状を引き起こす可能性がある24の食品に、原材料表示を義務づけることを決めました。「なめる程度の摂取で呼吸障害や意識障害を引き起こした」例もあり、ごく微量でも「エキス含有」「5％未満」などの表記を義務づけるものです。

卵や牛乳が原料の化粧品もある

これらの成分は、化粧品にもよく使われています。しかし、現時点では、ほとんど表示されていません。今後、表示される場合も、大豆エキスのように、わかりやすい表示ばかりではありません。

たとえば、①保湿成分のコラーゲンは牛や豚の皮膚から作られ、②レシチンは卵や大豆が原料です（合成の場合もある）。また、③キトサンはカニの殻、④カゼインは牛乳中に含まれるタンパク質を乾燥させて作ります。⑤ホエイは乳を発酵させ、固形分を除いた液です。

①は**クリスチャン ディオール**の**カプチュール エッセンシャル ユー**に、③は**エスティ ローダー**の**スイス ホワイトニング プロテクティブ ファンデーション**に、⑤は**カネボウ化粧品**の**ルシオル ファンゴッソ マスク**に、含まれています。

「自然」「ハーブ」「天然成分配合」などと表示された化粧品は食物エキスを多用しがちです。しかも、アレルギーの人が買う傾向があります。全成分表示の**ノエビア**の**サナ ナチュラルリソース パウダリーファンデーション**（10g、２０００円）には、卵黄レシチンと明記されています。こうしたわかりやすい表示が必要です。

あなたは、①②④⑤のほか、加水分解カゼイン、加水分解コラーゲン液、アルブミン（牛・卵）、プラセンタエキス＊（牛）などをチェックし、さらにパッチテストをして使いましょう。

＊「2001年４月から、狂牛病との関連で、プラセンタエキスは禁止」と厚生労働省がコメントしたという。狂牛病は、牛の脳がスポンジ状になって狂ったように死ぬ奇病。人間が感染すると、ヤコブ病を発症し、死に至ることが指摘されている。

〈24の食品〉 卵、牛乳、小麦、ソバ、エビ、ピーナッツ、大豆、キウイ、牛肉、チーズ、イクラ、サバ、イカ、豚肉、鶏肉、サケ、モモ、カニ、オレンジ、クルミ、ヤマイモ、リンゴ、マツタケ、アワビ。

Q 20

ビタミンやコラーゲンなどを食べるのと肌に塗るのと、どちらがよく効きますか？

食べるほうが、ずっとよく効きます

多くの化粧品に、生理活性作用を期待してビタミンが使われています。たとえば、美白でおなじみのビタミンC誘導体、シワの改善を謳うクリームや美容液のビタミンA（レチノイン酸）、酸化防止剤のビタミンE、育毛剤のニコチン酸、ニキビ・肌荒れ防止に使われるクリームや乳液のビタミンB_6（ピリドキシン）などです。

もちろん、次のように、さまざまな食べ物にもたくさん含まれています。

ビタミンC＝レモン・イチゴなどの果物や野菜。
ビタミンA＝肝油・バター・卵・緑黄色野菜。
ビタミンE＝玄米・豆・胚芽油・緑黄色野菜。
ニコチン酸＝肉・豆・緑黄色野菜。
ビタミンB_6＝肉・豆・魚・牛乳。

一方コラーゲンは、しっとり肌のために使われる成分です。皮膚の結合組織を構成する成分でもあり、皮膚の表面に水分を保つ機能を期待してクリーム、乳液、美容液などに、毛髪の保護効果をねらってシャンプーやリンスに含まれています。

このコラーゲンは、動物の皮、腱、軟骨などを構成するタンパク質の一種です。化粧品の原料の場合は、牛や豚の皮膚や骨を加水分解して製造しています。含まれている食べ物は、ゼラチンで作られたゼリーや魚の煮こごりなどです。

では、食べるのと塗るのと、どちらが効くでしょう？　答えは食べるほう。ずっとよく効きます。

皮膚にはバリア機能があり、異物が入らないようになっているからです。たとえばコラーゲンは皮膚の大切な成分ですが、塗っても皮膚の中には決して入っていきません。保湿剤や油分によって「しっとりした気がする」だけです。また、食べても皮膚のコラーゲンになるわけではありません。

〈参考文献〉
服部瑛「皮膚病診療」22巻１号、2000年。
遠藤朝彦「臨床皮膚」53巻５号、99年。

Q21

プールへ通い出してから、肌が乾燥しやすく、荒れてきたように思います。プールの水は、肌によくないのでしょうか?

東京慈恵会医科大学耳鼻咽喉科学教室の遠藤朝彦氏は、都内３校の小学生へ疫学調査を行った結果、「水泳をしている人びとにアレルギー性鼻炎と鼻炎が高率で発生している。プール内外の環境に悪化因子が潜んでいるためであろう」という趣旨を述べています。そのひとつが、消毒剤の次亜塩素酸ナトリウム。この消毒剤が原因で、プールの水に含まれる病原性微生物や有機物などが体に入りやすくなるというわけです。

殺菌・漂白剤として身近で使われている次亜塩素酸ナトリウムは、飲み込むと、粘膜が腐食し、喉頭にむくみが生じます。また、吸い込むと、気管支に激しい刺激、肺のむくみを起こし、長時間触れていると、皮膚に刺激症状を起こします。

したがって、濃厚な液は飲まない、吸い込まない、触れないように、注意されている化学物質なのです。プールの水への残留塩素量１ｐｐｍ以下に決められています。ところが、関係者によれば、Ｏ―１５７の流行以来、消毒量が多くなっているそうです。

さらに、水泳後に全身をよく洗うのも問題があるといわれます。たとえば、はっとり皮膚科医院（群馬県高崎市）で98年7月に診療を受けた患者のうち、18%（１６５人）がスイミングスクールに通っており、その90%は泳いだ後に必ず入浴していました。院長の服部瑛氏らは、「こうした行為は皮膚をますます乾燥させる」と指摘しています。水泳後は、シャワーだけでいいのです。

プールでアレルギーを起こさないためのチェック・ポイントをあげておきましょう。

①プールの塩素臭は強くないか。
②泳いだ後に目が痛くなったり、涙が出ないか。
③水泳の前後には必ず鼻をかんでいるか。

⦿ 買ってもよい化粧品さくいん ⦿

化粧品全般

化粧水

保湿剤

美容液(化粧液)

美白化粧品

ファンデーション

口紅

石けん

シャンプー

整髪料

その他

入浴剤

その他

⊙ 買ってはいけない化粧品さくいん ⊙

⊙ 化学物質名さくいん ⊙

⊙ メーカー名さくいん ⊙

〈執筆者紹介〉

境野米子（さかいの　こめこ）

1948年　群馬県前橋市生まれ。

1970年　千葉大学薬学部卒業。

現在　生活評論家、薬剤師。

東京都衛生研究所で、食品添加物、農薬の残留汚染、魚介類の重金属汚染、これらによる体への影響について研究。化学物質の専門知識と、実際に使った経験から、化粧品の安全性に取り組んできた。築150年のかやぶき屋根の古民家を修復して住み、木炭浄化槽を設置して家庭の雑排水を浄化。野草茶を作り、野の花を描いて暮らす。

主著　『おかゆ一杯の底力』（創森社、2000年）、『一汁二菜』（創森社、2001年）、『卵・牛乳・油ゼロ　アトピっ子も安心のお菓子』（家の光協会、2002年）、『病と闘う食事』（創森社、2002年）、『安心できる化粧品選び』（岩波書店、2003年）、『肌がキレイになる!! 化粧品選び』（コモンズ、2003年）、『自然暮らしの知恵袋』（家の光協会、2004年）。

買ってもよい化粧品
買ってはいけない化粧品

二〇〇〇年一〇月一〇日　初版発行
二〇〇六年　九月一〇日　一七刷発行

著　者　境野米子

発行者　大江正章

発行所　コモンズ

東京都新宿区下落合一―五―一〇―一〇〇二
TEL〇三（五三八六）六九七二
FAX〇三（五三八六）六九四五
振替　〇〇一一〇―五―四〇〇一二〇
info@commonsonline.co.jp
http://www.commonsonline.co.jp/

印刷・製本／加藤文明社

乱丁・落丁はお取り替えいたします。

ISBN 4-906640-33-8　C5077

＊好評の既刊書

肌がキレイになる!!　化粧品選び
●境野米子　本体１３００円＋税

プチ事典　読む化粧品
●萬＆山中登志子編著　本体１４００円＋税

食べることが楽しくなるアトピッ子料理ガイド〈シリーズ安全な暮らしを創る9〉
●アトピッ子地球の子ネットワーク　本体１４００円＋税

危ない電磁波から身を守る本〈シリーズ安全な暮らしを創る11〉
●植田武智　本体１４００円＋税

そのおもちゃ安全ですか〈シリーズ安全な暮らしを創る12〉
●深沢三穂子　本体１４００円＋税

危ない健康食品から身を守る本〈シリーズ安全な暮らしを創る13〉
●植田武智　本体１４００円＋税

郷土の恵みの和のおやつ〈シリーズ安全な暮らしを創る14〉
●河津由美子　本体１４００円＋税

あなたを守る子宮内膜症の本
●日本子宮内膜症協会　本体１８００円＋税

感じる食育　楽しい食育
●サカイ優佳子・田平恵美　本体１４００円＋税

〈増補3訂〉健康な住まいを手に入れる本
●小若順一・高橋元・相根昭典編著　本体２２００円＋税